高精度冷连轧过程控制系统智能优化研究

卜赫男◎著

INTELLIGENT OPTIMIZATION RESEARCH ON HIGH PRECISION TANDEM COLD ROLLING PROCESS CONTROL SYSTEM

北京理工大学出版社
BEIJING INSTITUTE OF TECHNOLOGY PRESS

图书在版编目（CIP）数据

高精度冷连轧过程控制系统智能优化研究／卜赫男著．—北京：北京理工大学出版社，2020．9

ISBN 978－7－5682－9087－6

Ⅰ．①高…　Ⅱ．①卜…　Ⅲ．①高精度机床－冷连轧－智能控制－自动控制系统－研究　Ⅳ．①TG335．5

中国版本图书馆CIP数据核字（2020）第179948号

出版发行／北京理工大学出版社有限责任公司
社　　址／北京市海淀区中关村南大街5号
邮　　编／100081
电　　话／（010）68914775（总编室）
　　　　　（010）82562903（教材售后服务热线）
　　　　　（010）68948351（其他图书服务热线）
网　　址／http：//www．bitpress．com．cn
经　　销／全国各地新华书店
印　　刷／保定市中画美凯印刷有限公司
开　　本／787毫米×1092毫米　1/16
印　　张／11．5　　　　　　　　　　　　　　责任编辑／孙　澍
字　　数／167千字　　　　　　　　　　　　　文案编辑／孙　澍
版　　次／2020年9月第1版　2020年9月第1次印刷　责任校对／周瑞红
定　　价／56．00元　　　　　　　　　　　　　责任印制／李志强

前言

PREFACE

冷连轧带钢是以热轧带钢为原料，在常温下经冷连轧机轧制成材，以达到降低带钢的表面粗糙度和提高尺寸精度，并获得更好力学性能的目的。冷连轧过程控制系统是酸洗冷连轧联合机组计算机控制系统的重要组成部分，是保障冷连轧带钢产量和质量的重要手段。本书以某1 450 mm六辊五机架全连续冷连轧机电气自动化系统升级改造项目为背景，对冷连轧过程控制及模型设定系统进行了深入研究。

本书围绕冷连轧过程数学模型与多目标优化策略展开研究，分析了原料带钢硬度波动对成品带钢厚度精度的影响，以硬度辨识为基础建立了厚度控制模型；深入研究了模型自适应过程，提出了轧制力模型和前滑模型协同自适应方法；针对薄规格带钢，提出了一种基于影响函数法的轧制规程多目标优化策略，以达到在充分发挥设备能力的同时提高带钢厚度精度的目的；通过辊系受力分析，建立弯辊力预设定目标函数，并采用多目标智能优化算法进行求解。在此基础上，开发了冷连轧过程控制系统并应用于工业生产，获得了良好的控制效果。

本书分为7章：第1章介绍了冷连轧生产技术及轧制过程数学模型的研究背景，以及本书的研究目标和研究内容。第2章以某酸洗冷连轧生产线为对象，对其过程控制系统进行深入研究，针对该生产线进行过程控制系统的功能结构分析与执行流程设计。第3章以冷连轧在线数学模型为基础，提出了一种基于目标函数的轧制力和前滑模型协同自适应方法，并建立了基于硬度辨识的冷连轧带钢厚度控制模型。第4章针对薄规格带钢建立了基于影响函数法的轧制规程多目标模型，并采用基于案例推理技术的禁忌搜索算法进行求解，得到了更加合理的轧制规程。与此同时，为保证板形预设定系统的稳定运行及成品带钢的板形精度，本书第5章基于辊缝凸度偏差建立了兼顾轧制力的弯辊力预设定多目标函数。第6章选取4种规格的冷轧带钢为研究对象验证冷连轧过程自动化系统的控制效果。第7章对本书的研究内容和取得的成果进行了总结。

本书内容是根据作者近期的科研成果和经验整理而成的，在此特别感谢东北大学的张殿华教授、李旭副教授和孙杰副教授在本书编写过程中给予的具体指导。同时，也要感谢闫注文博士及书稿的评阅人等，他们对本书的内容提出了很多宝贵意见和建议。

卜赫男

2019年10月

目 录
CONTENTS

第1章 绪 论

1.1 研究背景和意义

冷轧板带材由于其表面质量好、尺寸精度高，且具有良好的力学、工艺性能等优点，广泛地应用于航天航空、汽车家电、食品加工、化工建筑和民用五金等国民经济各部门[1-4]。近年来，随着现代工业技术的飞速发展，对板/带材的种类、规格和产量的要求也日趋提升。在保证钢铁材料板/带比不降低的同时，使高附加值深加工冷轧板/带材的产量提高，是工业发达国家在钢材整体构架上一个明显的改变[5-10]。目前，几个工业生产比较发达的国家生产的钢材中，热轧产品转化为冷轧产品和涂镀层产品的比例高达90%以上。

随着我国城市化进程和经济发展的提速，产业结构也将逐渐升级，以家电、汽车等为代表的制造业，其产能快速提高，国内市场对冷轧产品的需求量日益增加，并且将长期保持增长态势。在冷轧板/带材产量增加的同时，下游行业对其质量提出了越来越高的要求[11-15]。因此，提升冷轧产品的厚度精度和板形质量是人们一直以来致力于研究和攻克的热点难题。

自1974年第一套冷连轧机被我国武汉钢铁集团公司（简称武钢）引进，至今为止，我国引进的带钢冷连轧生产线计算机控制系统来自包括德国西门子、日本日立和西门子奥钢联等公司在内的世界上所有掌握冷轧带钢生产核心技术的公司[16,17]。我国研发人员通过长期对引进技术的消化吸收，已经具有自主设计工厂和工艺、制造主体设备和设计计算机自动控制系统的能力。但是，在控制系统核心技术、关键设备的建造和要害数学模型的建立上仍与国际先进水平存在一定程度上的差距[18]。冷连轧机的计算机控制系统涉及的生产线核心技术和复杂数学模型，往往被国外企业所垄断。这使得国内的钢铁企业需要为使用引进的冷连轧机生产线支付高额的费用，同时出于保护自己的核心技术的目的，引进的系统中一些核心模型和控制功能被制作成“黑箱”形式，这使得国内企业无法根据现场实际需求对模型和算法进行优化和改进，严重制约着新功能和新产品的开发以及日后系统的升级改造[19-22]。

在这种严峻形势之下，为了完成中国钢铁企业成套冶金设备的整体自主建造，冲破国外公司对技术的垄断，掌握冷连轧生产线关键技术和核心工艺，我国自动化研究人员必须在不断消化吸收国外先进计算机控制技术的同时切实开展自主创新，开发出具有自主知识产权并真正适合国内钢铁企业的冷连轧计算机控制系统，提升我国钢铁企业的核心竞争力，使我国成为真正的钢铁强国和创新性大国。

近年来，东北大学在酸洗冷连轧机组自动控制系统方面做了大量的工作，已具备自主设计、集成和开发该系统的能力[23]。2013 年，东北大学实现了迁安市思文科德薄板科技有限公司 1 450 mm 酸洗冷连轧机组自动控制系统的研制与开发。该生产线选用了一系列具有自主知识产权的冷连轧生产创新技术，是国内第一条完全依托自己能力开发全线控制系统、应用软件并实现自主调试的酸洗冷连轧机组。但是，随着越来越多新产品的开发和对产品质量要求的提高，对酸洗冷连轧控制系统的功能和控制精度提出了更高的要求。

为此，本书在前期研究工作的基础上，依托于某 1 450 mm 六辊五机架全连续冷连轧机的电气自动化系统升级改造工程进行研究。为了进一步提高模型设定系统的精度，提高冷轧产品的质量；提出了针对薄规格带钢的轧制过程多目标优化模型；建立了基于硬度辨识的厚度控制模型；开发了一种提高轧制力和前滑模型设定精度的新方法；并基于最优化理论建立了弯辊力预设定模型，取得了良好的厚度和板形控制效果。这项工作对提高我国冷连轧板/带材生产的技术水平具有重要的理论指导和实际应用价值。

1.2 冷连轧机及生产技术的发展

冷连轧板/带材是关键的钢材品种之一，其生产是冶金、材料、化学、机械、控制和计算机等多学科技术的综合。在轧钢生产领域内，冷轧厂是效率最高并且实现自动化控制最完善的生产部门。冷连轧机的发展水平应作为衡量钢铁工业技术进步和竞争力水平强弱的重要标志[24-28]。

1.2.1　国内外冷连轧机的发展

根据冷连轧机的生产工艺和轧机装备水平的不同，可将其发展过程大致分为3个时期[29-35]。

1. 第一时期

1960年以前，轧制技术不够成熟，轧制速度也较低。1926年，世界上第一套冷连轧机组在美国阿姆柯公司巴特勒工厂被建成，其形式为四辊三机架冷轧机组。但是，当时由于电机单驱动、轧机刚度及调速、轴承等技术的局限性，单机架冷轧的发展优于冷连轧。1938年，一套三机架1 680 mm冷连轧机被苏联扎波罗什工厂引进。1951年，苏联又在新利佩茨克建成了一套年产量可达250万吨的2 030 mm五机架冷连轧机。1940年，日本也于新日铁广畑厂建成了其国内第一套四机架1 420 mm冷连轧机。但是，由于受到技术上的限制，直到20世纪40年代冷连轧机组的速度才达到1 000 m/min。因此，冷连轧机的产量并不高。

2. 第二时期

20世纪60年代初至20世纪60年代末期，得益于电气、机械等方面技术问题的解决，冷连轧机的轧制速度由原来的1 000 m/min提升到2 000 m/min，冷连轧带钢的最大卷重也随之增长，由16.3 t增加至46 t。20世纪60年代，世界上第一套六机架冷连轧机组被美国杨斯顿板管公司建成，并生产出了厚度0.1 mm以下的镀锡板。1968年，日本NKK福山厂FE工程正式启动，由三菱电机、IHI和NKK三家公司共同建成了世界上首套全连续式冷连轧机。与此同时，带钢冷连轧机组的自动化程度也向一个全新的时期迈进。主机的调速系统由电动机放大机-发电机-电动机调速系统，发展到可控硅-电动机的调速系统。在工艺参数控制方面，也由人工手动加上单机自动化阶段进入到单机自动化和计算机并存的新时期。除此之外，连轧机组机架数目的增加、快速换辊和弯辊装置的采用以及厚度自动控制系统的引入等一些新技术的开发和应用使得轧机的产量和成品带钢的质量有了很大的提升。

3. 第三时期

20世纪70年代后，由于世界性的能源问题，英国、美国、德国、日本、俄罗斯等钢铁工业发达国家新建的冷连轧机较少，转而投资在提高带钢板形和厚度精度、降低能耗、提高轧制速度、增大卷重等冷轧机的改造上，通过增加必要的控制手段和新技术、新工艺来提高带钢的产量和质量。20 世纪 80 年代，在冷连轧带钢生产过程中，不同的生产工序被合并起来构成联合生产线。1981 年，日本君津厂开发出酸洗—冷轧联合机组（CDCM）线，即将酸洗线和冷轧机连接在一起，构成一个生产流程线。1982 年，世界第一套冷轧机与连续退火联合生产机组在日本新日铁公司广畑厂建成。1986 年，新日铁公司又开工建设了世界上第一套包括酸洗、冷轧和连续退火的全联合式生产线。1989 年，日本新日铁公司和美国内陆公司合资经营的美国 I/N TEK 公司也建成了一套全联合式生产线。在这一时期，冷连轧机步入高速、巨型轧机的领域，年产量可达 250 万吨。

同时，为了保证带钢厚度精度，已由厚度自动控制系统发展到了板厚板形综合自动控制系统。为了改善板形质量，日本日立公司于 20 世纪 70 年代推出中间辊可窜动的高精度辊形控制（HC）轧机，德国西马克公司于 1982 年推出了连续可变凸度的（CVC）轧辊系统[36,37]。小直径工作辊在轧制薄板及高硬度材料时具有很大的优势，但是工作辊直径过小会导致刚度降低，从而使带钢边部变薄，影响带钢的平直度。因此，为了抑制小直径工作辊的整体弯曲，万能凸度控制轧机 UC 轧机应运而生。UC 轧机基本上是一台 HC 轧机，它在 HC 轧机的基础上主要增加了中间辊弯辊装置。因此，除了具有 HC 轧机的特点外，UC 轧机对高次方板形缺陷的调控能力大大增强。UC 轧机按照中间辊轴向移动及中间辊和工作辊均轴向移动的特点可分为 UCM 轧机和 UCMW 轧机，如图 1－1 所示。

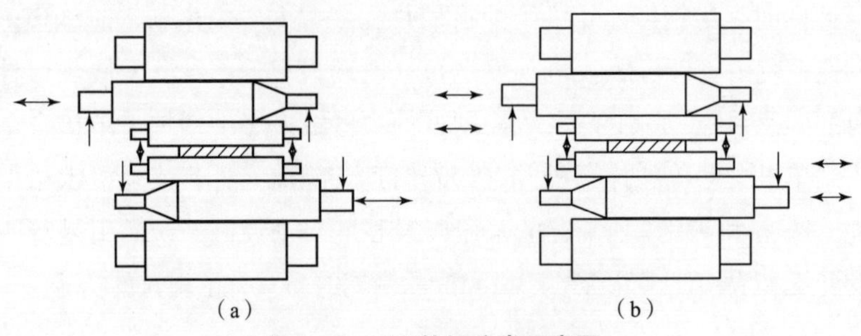

图 1－1　UC 轧机分类示意图

(a) UCM 轧机；(b) UCMW 轧机

板形检测仪的应用，使板形在线闭环自动控制成为现实。联合闪光对焊机和动态变规格技术的采用保证了全连续轧制的顺利进行[38]。除此之外，轧机前布置了能存储一定带钢的活套装置，保证了焊接时轧制的正常运行。随着测厚、测压、测张等高精度、反应灵敏的检测装置技术的发展，自动控制系统变得更加可靠。

就我国而言，1978 年，武钢建成第一套大型冷连轧机组，设计年产量 100 万吨。之后到 2000 年前的 20 多年，我国冷轧工艺技术和装备发展较为缓慢，生产能力严重不足，全国仅宝山钢铁股份公司（简称宝钢）、宝钢益昌薄板、武钢、攀钢集团有限公司（简称攀钢）和本钢集团有限公司（简称本钢）建有 7 条冷连轧机组，年产量总共不足 1 000 万吨，冷轧和涂镀产品产量和质量均无法满足国内需求，自给率不足 50%。2003 年以来，随着我国钢铁工业迅猛发展，新建成了多套高水平冷连轧机组。截至 2011 年，国内投产冷连轧机组设计能力为 5 000 万吨，并且在产品品种、产量和质量上均有大幅度提高。我国钢铁行业出现了井喷式的发展，但由于能源和环境承载量的限制，实现绿色清洁、节能生产才是钢铁行业的新出路[39-42]。

钢铁产业“十二五”规划指出，要求企业提高技术、资金、设备等方面的投入，实现节能减排、循环发展，同时与政策配合、跟进管理措施，不断改进与完善工艺技术，促进钢铁行业的迅猛发展。“十三五”时期，我国钢铁工业将继续消化过剩产能、深层次优化产业结构、推动转型升级，走结构性调整与创新发展的道路，完成多元化发展。我国钢铁企业将配合“一带一路”的发展契机，借助国家战略走向国际化，同时借助互联网电商平台的纵向多层次发展模式，实现从钢铁深加工生产、供应、物流直至与互联网技术的联合，建设具有国际性竞争力的现代化钢铁企业。

1.2.2　冷连轧生产技术的发展

冷连轧机之所以发展迅速，很大程度上是由于自动控制技术与电气传动的快速发展和不断完善。同时，冷连轧机的自动化程度，又是随着冷连轧生产工艺过程的日趋复杂和用户对带钢质量要求的不断提高而快速发展起来的。带钢冷连轧机电气传动与自动控制技术的发展经历了由简单到复杂，由低级到高级的过程，大致分为 4 个阶段[43-47]。

20 世纪 40 年代末以前是第一阶段。这一阶段的带钢冷连轧机，主要为手动操作和断续控制，基本没有自动控制。

20 世纪 50 年代为第二阶段。这一阶段可实现轧机主传动速度控制、卷取机张力控制和厚度自动控制等单机自动控制，为手动操作和单机控制并存阶段。

20 世纪 50 年代末至 70 年代为第三阶段。这一阶段进入到单机自动控制与计算机控制并存阶段。

20 世纪 70 年代至今为第四阶段，已发展为全部计算机控制阶段。

近年来，汽车、家电、食品等行业对冷轧板带材质量要求的提高，进一步促进了冷连轧生产技术的发展。其发展特点主要表现如下。

（1）轧制速度提升。轧制速度代表了冷连轧机的技术水平，也决定了冷连轧机的生产能力。纵观整个轧制过程的发展史，轧制速度可谓发生了爆炸式的发展，由最初不足 10 m/min 发展到如今超过 2 000 m/min，不同年份冷连轧机速度增长情况如图 1－2 所示。

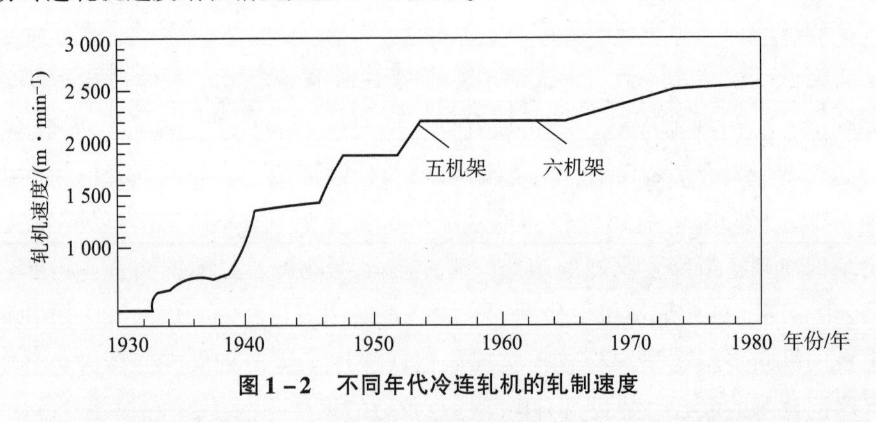

图 1－2　不同年代冷连轧机的轧制速度

（2）机架数量增加。冷连轧机的机架数目由于成品规格及生产工艺的不同而存在着差异。三机架冷连轧机出现的时期较早，主要生产厚度为 0.6～2.0 mm 的汽车钢板；四机架冷连轧机发展于 20 世纪 50 至 60 年代，由于其具有适应性强的优点，可用来生产厚度为 0.35～2.7 mm 的带钢；六机架冷连轧机产生于 20 世纪 60 年代，可生产厚度为 0.09 mm 的镀锡原板。近几年，放缓了对六机架冷连轧机的建设脚步，转而在车间布置二机架或三机架的二次冷连轧机，旨在生产厚度为 0.065～0.15 mm 的特薄镀板。

（3）钢卷质量增大。早期由于热连轧带钢卷质量很小，导致冷连轧带钢卷质量也只有10 t左右。随着热连轧带钢卷质量的增加，冷连轧带钢卷质量已增大到40 t以上，甚至达到60 t。同时，钢卷质量的增大使穿带次数和穿带故障相对减少，大幅度提升了轧机作业率和稳定轧制时间，改善了产品的产量和质量。因此，增加冷连轧机钢卷质量是提高轧机产量和成品质量的有效手段之一。

（4）采用快速换辊装置。早期的冷连轧机套筒换辊设备已全部由机械化、自动化的现代快速换辊装置所取代。快速换辊装置分为转盘式和侧移台车式两种，可以使轧机换辊时间缩短一半以上。因为这种换辊方式不需要吊车协助完成，故冷连轧机组各个机架的换辊可以同时进行，5 min之内即可完成全部机架的换辊。快速换辊装置的使用可将轧机产量提高10%左右，是提高生产效率的有效措施。

（5）自动化水平提高。速度自动控制、张力自动控制、厚度自动控制、板形自动控制等一系列自动控制系统和冷连轧计算机控制系统的投入使用，实现了整个轧制过程的全盘自动化，保证了带钢冷连轧机生产的高效低耗。

冷连轧生产未来发展的目标是产品专业化、生产灵活化、控制自动化以及工艺连续化。提高产品质量、提高环境友好度及减少能耗是目前冷连轧技术发展最为重要的内容。因此，一批冷轧生产新技术应运而生，如无酸去除氧化铁皮技术、双机架可逆冷连轧工艺和感应加热连续退火等，这些新技术是人类社会发展对冷轧技术要求的体现。

无酸去除氧化铁皮技术不使用酸液，不需要酸再生处理，采用配有烧嘴的直接火焰炉，在非氧化环境中以天然气为燃料，避免氧化铁皮的进一步生成。无酸酸洗工艺具有无腐蚀性介质、无腐蚀产生的金属损失、无危险废物、不需要废物处理、带钢表面光亮、设备和维护成本低、适于低生产能力的生产线等优点。其化学反应原理如下：

$$2Fe_2O_3 + 2H_2 \rightarrow Fe_3O_4 + Fe + 2H_2O \tag{1.1}$$

$$Fe_3O_4 + H_2 \rightarrow 3FeO + H_2O \tag{1.2}$$

$$FeO + H_2 \rightarrow Fe + H_2O \tag{1.3}$$

双机架可逆式冷轧机的推广应用使得轧制薄规格的热轧原料卷成为可能。传统的单机架可逆轧机和多机架连轧机组都具有一定的局限性，单机架可逆轧机的年产量通常低于3.5×10^5 t，当生产薄规格镀锡板时年产量一般为1.0×10^5 t左右，受到产量的限制较为严重，然而连轧机组若想充分体现生产效率只有将年产量提高到1.0×10^6 t以上。双机架可逆冷轧机由于其生产灵活，可实现二、四、六道次的轧制，最大生产速度可达到1 600 m/min，最大年产量可达到1.0×10^6 t。双机架可逆冷轧机的出现填补了两者之间的空白，在保证产量的同时实现多品种、多规格、小批量的生产，适用于生产薄板坯连铸连轧产品，在设备投资、产量、生产成本等综合指标上都具有较强的市场竞争优势。

感应加热连续退火是一种优化的退火工艺。在加热过程中，带钢可分为横向和纵向感应，带钢在最高温度750 ℃的高温对流炉中预先加热，再经转向辊通过密闭槽，槽中充满惰性保护气体，同时对带钢建张及对中控制。然后进入感应加热炉，在密闭的空间内完成快速再结晶后在冷却区进行冷却。感应加热退火不同于连续退火，它采用感应加热的方式使带钢内部的温度迅速升高，可达到使退火生产线更为紧凑并减少退火时间的目的。

1.3 冷连轧带钢的生产特点及流程

1.3.1 生产特点

冷连轧带钢的产品品种有多种分类方式。例如，按钢坯材质进行分类，可分为普碳钢、优碳钢、合金结构钢、不锈钢、碳素工具钢等；按生产方式进行分类，可分为常规生产方式和特殊生产方式；按表面处理方式可分为非涂镀、热镀锌、电镀锌、电镀锡、电镀铬、电镀铅和彩色涂层等。除此之外，冷连轧带钢产品还可按用途、表面状态、表面颜色、制造精度、力学性能等多方面进行分类。虽然冷连轧带钢产品多种多样，但它们的生产特点大体相同，一般有以下几个方面[48-50]。

1. 大宽厚比

钢板是一种扁平钢材，是钢材四大品种（板、管、型、丝）之一，其表面积和宽厚比都较大。冷连轧带钢的可轧宽度高达2 000 mm，可轧厚度低至0.1 mm，其宽厚比大于10 000，这直接导致冷连轧带钢保持轧制前后比例凸度一致的难度增大，因此对板形控制技术提出了更高的要求。

2. 大张力轧制

在进行薄带钢轧制时，由于弹性变形的存在，一定直径的轧辊不会再对相应厚度的带钢产生压缩效应，这时只有采用张力轧制。同时，在轧制薄带钢时，当其被轧辊咬入，前后均无拉力时，轧制时带钢会左右窜动，处于不稳定的状态，而施加前后张力后，带钢不仅在轧制过程中比较平稳，同时能获得较好的板形。显然，张力轧制是调整板形、保证轧制过程顺利进行的重要措施，较大的张力可以使变形区金属的主应力状态发生变化，大大减小单位压力，在轧制更薄产品的同时降低能耗。除此之外，较大的张力还有利于高速轧制，起到提高轧机生产率和轧机工作可靠性的作用。

3. 加工硬化

带钢在冷轧过程中，由于晶粒被压扁、拉长、晶格歪曲畸变、晶粒破碎，会发生加工硬化，使金属的比例极限、屈服极限及硬度等指标上升，而断面收缩率及延伸率等塑性指标和韧性下降。冷轧带钢产生加工硬化现象后，带钢的变形抗力成倍增加，因此需要更大的轧制力，从而使轧制过程的继续进行变得艰难。为了消除加工硬化，大多数带钢需要经过中间退火使之重新软化，并恢复塑性，以便轧制过程的顺利进行。

4. 钢坯清洁和轧辊冷却

为了保证带钢表面的光洁度，减少轧辊的磨损，在进入轧机前必须将带钢表面的氧化铁皮清除。

在轧制过程中，有 84% ~88% 的变形功会转变成热能，这将提高带钢和轧辊的表面温度。轧辊表面温度过高将影响带钢表面的质量和轧辊寿命，破坏正常辊型并影响带钢的板形和尺寸精度。同时，还会使油膜破裂、润滑剂失效，影响正常轧制过程，因此务必进行轧辊和带钢冷却。

水由于具有比热容大、吸收率高、成本低等优点，常作为一种比较理想的冷却剂。轧制过程中，冷却剂常常选用水或者以水为主要构成的乳化液。与此同时，水又可以作为润滑剂，起到降低摩擦系数和轧制负荷、防止金属粘辊、保护轧辊表面以及改善带钢表面质量的作用。

1.3.2 工艺流程

冷连轧带钢生产的工艺流程主要包括酸洗机组、冷连轧机组、退火设备和精整线等工序[51-55]。带钢冷连轧生产工艺流程如图1-3所示。

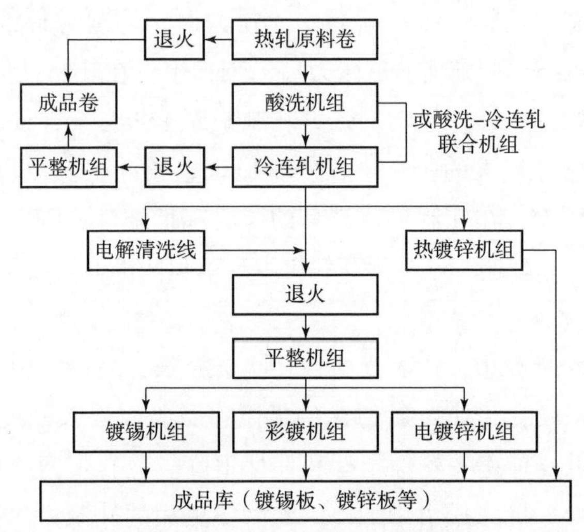

图1-3 冷连轧生产工艺流程

酸洗机组的目的是清除原料卷表面氧化铁皮中的FeO、Fe_2O_3和Fe_3O_4，通常的方法是采用盐酸对带钢进行酸洗。酸洗生产线的发展经历了深槽酸洗、浅槽酸洗和紊流酸洗3种酸洗方式。紊流酸洗时，酸洗槽中的带钢受到张力的作用，其运动方向与酸液相反，从而在带钢表面上会形成紊流。紊流酸洗在酸洗时间、酸洗质量、能耗等方面都优于其他两种酸洗方式，因此得到了广泛的应用。连续式酸洗有两种类型，分别是塔式和卧式，其中塔式酸洗指机组中的酸洗段呈垂直布置，而卧式酸洗指酸洗段呈水平布置。塔式酸洗的效率高但容易断带和跑偏，并且厂房需高达21~45 m，因此目前还是以卧式酸洗为主。

冷连轧机组是将酸洗后的原料卷通过几个串列布置的机架进行连续轧制，轧成所需厚度和性能的成品卷的设备。传统冷连轧机由于存在穿带加速及减速通尾的过程，使成品带钢的产量和质量受到了严重的影响。因此，现代冷连轧基本上采用全连续无头轧制方式，通过在机组前后布置两套开卷机、夹送辊、矫直辊、剪切机、焊机、张力辊、入口活套、飞剪及两台张力卷取机等设备实现“无头”轧制。连续轧制与单卷穿带轧制相比，加减速过渡阶段减少，稳定轧制过程增加。无论是否进行动态变规格，带钢厚度偏差及一些工艺参数的波动幅值都要比单卷轧制时低，如图1－4及图1－5所示。

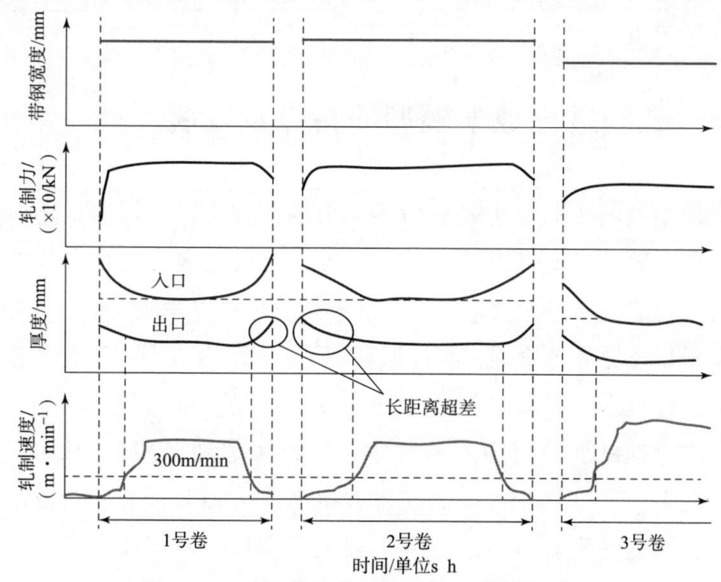

图1－4　单卷穿带冷连轧生产工艺参数变化

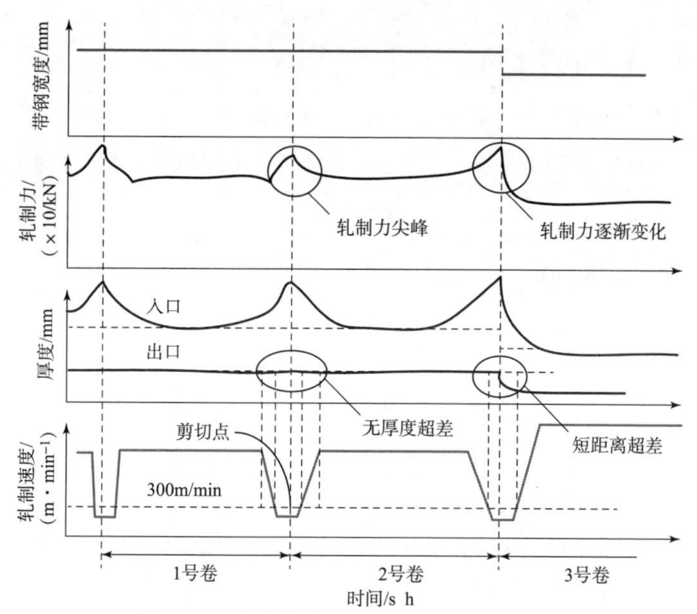

图1－5　全连续冷连轧生产工艺参数变化

罩式退火炉或连续退火线为加工后硬化的带卷退火，为了满足市场多样化的需求，两种退火方式并存发展；精整线由平整、重卷、纵剪、横剪及各种镀层处理线组成，是为了实现带钢高附加值的深加工处理，以使其适用于各种用途。

1.4 轧制过程数学模型的特点及发展

数学模型是用数学表达式来描述对象的内在规律。根据描述对象复杂程度的不同，数学模型可以是代数方程，也可以是微分方程和代数方程的组合，可以写成表格形式、单一公式的形式，也可以写成一组公式的形式。

数学模型可分为理论型、统计型和理论－统计型3种。理论型模型是根据实际的过程机理通过理论解析方法建立的模型。该类模型结构严谨、条理清晰，在过程机理较清楚的情况下，容易考虑到多种影响因素。但是，结构比较复杂，计算量较大，而在过程机理不清晰时，常需要做出多种假设，使得其精度受到影响，因此在工程上较少使用。统计模型是根据过程的统计规律建立的模型。该类模型只考虑主要过程参数之间的关系，因而模型结构简单，并能较好地控制精度，但该类模型条件性较强，不适宜推广使用，尤其是生产条件不稳定时更为不便。理论－统计型模型是利用理论模型的结构，根据生产数据估计出参数而建立的模型。该类模型能很好地克服以上两种模型的缺点，并兼具其优点，因此在工程上得到了广泛的应用[56－58]。

1.4.1 轧制模型的特点

冷连轧的轧制过程具有多变量、快过程、强耦合及深度非线性等特点，因此对轧制模型提出了更加严格的要求。总体来说，轧制过程计算模型具有以下几个特点。

1. 系统性和相关性

由于影响轧制过程的因素很多，因此整个轧制过程的控制不是单个模型所能完成的，而是模型系统整体作用的效果。同时，这些模型有些彼此之间又有着密切的关联，使得整个冷连轧过程变成“牵一发而动全身”的复杂系统。

例如，有关轧制力参数方面的模型，就有轧制力模型、轧制力矩模型、轧制功率模型、前滑模型、变形抗力模型、轧机刚度模型、张力模型及摩擦系数模型等；板形控制方面，又有轧辊弹性压扁模型、弹性弯曲模型、轧辊磨损模型、轧辊热膨胀模型、轧辊横移模型、轧辊交叉模型及弯辊力模型等。带钢厚度的控制精度很大程度上依赖于轧制力的计算精度；带钢速度、张力与辊缝之间，厚度和板形之间又相互耦合，这种耦合关系，常需要解耦或进行补偿控制。

2. 快速性和简洁性

在轧制进行过程中，由于一次控制过程往往只需要几毫秒的时间，这就需要控制模型的形式要简单、计算速度要快，完成一次计算的时间要短，所以轧制过程中使用的模型一般为简化的数学模型。

将一个复杂的问题简化为多个简单的问题，一般的做法是将复杂的非线性函数分段线性化。而这种思想应用在模型简化上，就形成了“层别”的概念。划分层别的基本思路是：以一种特定的模型结构为基础，按照不同变量的变化区间选择模型系数，使得每一组系数都只对应于一组范围很窄的确定工况，这种做法取代了只用一个公式描述全部复杂工况的做法，可以大大提高模型的计算精度。例如，根据所轧带钢的钢种、规格、轧制条件等检索出对应条件下的层别系数，构成适用范围很窄的数学模型。与追求普遍适用的数学模型相比，这种层别划分及确定层别系数的方法更容易实现，并能获得更高的控制精度。

3. 轧制模型精确性

提高轧制模型的计算精度是一项极为重要的工作，模型的精确与否直接影响到轧制带钢的产量和质量。提高轧制模型精度一般采用以下 5 种方法。

（1）采用正确的理论建立合理的模型结构；

（2）根据实测数据修正模型系数；

（3）利用人工智能方法，从大量数据中找出规律来修正轧制模型；

（4）利用数理统计的方法，分析误差的来源并找出减少模型误差的途径；

（5）利用自学习系数，经过与实测数据的对比来提高模型精度。

通过长期的实践可以得出自学习是一种提高模型精度的好方法。该方法通过比较模型计算结果和轧制参数实测值找出一个自学习系数，在模型计算时考虑自学习系数后，可以使后续的计算值更接近于实测值[59,60]。同时，短期自学习和长期自学习的结合使用，能使模型的计算精度得到更大的提高。

1.4.2 建模方法及模型发展

1.4.2.1 模型的建立方法

数学模型的一般建立步骤：确定最佳实验方案→确定合理模型结构→确定模型中最佳参数→实验验证。无论是机理模型还是经验模型，如果要应用于特定的轧机，必须利用该轧机大量实测数据对模型系数进行统计回归，以便使模型获得所要求的预报精度[61]。收集轧机实测数据进行统计回归时，需要考虑以下注意事项。

（1）“条件相同”的实测数据需达到一定的数量，以提高统计的可靠性。但是做到完全条件相同是比较困难的，因此通过大量数据统计回归的模型将具有平均性质。

（2）自变量应该有较宽的变动范围，以获得较为稳定的统计结果。

（3）对实测数据进行预处理，剔除过于分散的点后再进行统计分析，这个过程中应避免有人为倾向，误将好数据剔除，而导致误差的产生。

（4）为了加快统计分析，即使是经验统计模型，也可以先根据机理分析确定出主要影响因素和公式的大致结构，或者将实验数据先绘出散点图以便确定较好的公式结构。

（5）事先制定实验方案，有计划地进行需轧制带钢的钢种、规格、需要记录的数据和实验编号等数据的收集。

（6）模型建立后应在生产实践中进行验证。由于模型的平均性质，使得模型存在一定的误差，模型自学习可以有效减小模型误差，提高计算精度。

过去常用的建模方法有基于理论分析的建模方法和基于实验或生产数据回归的建模方法等，近年来随着人工智能技术在轧制领域的广泛应用，又出现了一些新的建模方法，如基于人工智能的建模方法和数学模型与人工智能相结合的建模方法。

基于理论分析的建模方法，是通过分析轧制过程中的物理和数学现象，得出一般性规律和主要影响因素，从而得到关键参数的计算结果。但是，由于轧制过程的非线性和复杂性，再加上影响因素众多，在进行理论分析时往往要进行简化和假设，这将导致计算结果偏离实际工况。因此，理论分析得到的模型需要通过实验与实际生产数据的对比来确定模型系数，这类模型也称为半理论模型。

基于实验或生产数据回归建模的方法而建立的模型称为经验模型。这类模型以透彻了解轧制参数影响因素为基础，正确选择主要影响参数作为回归参数，选择合适的函数作为模型骨架，以生产数据作为依据，依照数理统计的方法进行回归，得到能够在线应用的数学模型，因而需要通过在线自学习来提高模型精度。

与传统方法相比，基于人工智能的建模方法通过模拟人脑来处理那些真实发生的事情，而不是无止境地探求轧制过程中的深层规律，它不从基本原理出发，而是以事实和数据为依据来显示轧制过程中参数的变化规律，主要有利用人工神经网络预报轧制力、轧件力学性能等。

数学模型与人工智能结合的建模方法利用了两种方法的优点，数学模型具有坚实的理论依据，神经网络容易反应扰动因素的影响，用数学模型预报主值，并用神经网络预报偏差，能进一步提高模型的预报精度，得到更好的效果。

1.4.2.2　轧制模型的发展

数学模型是冷连轧工艺控制的核心。利用数学模型可以完成制定轧制工艺制度、计算轧制过程最佳工艺参数等关键任务，进而保证了轧制过程的全自动化，同时也决定了产品的产量和质量。轧制模型的发展大体上经历了 4 个阶段[62-64]。

第一阶段始于 20 世纪 30 年代。1925 年，Karman 进行了单位压力的理论研究，并提出了单位压力微分方程式，很多学者以 Karman 方程为理论基础，提出了一系列轧制模型。1943 年，Orowan 通过实验研究提出了不同的平衡方程式，后来学者通过对这两个基本方程作不同的假设处理，得出了很多不同的单位轧制力计算式，如采利柯夫方法、Stone 方法、Sims 方法等。近代轧制理论的出现，奠定了轧制理论发展的基础。

第二阶段自20世纪中叶至20世纪80年代。随着计算机技术的发展，轧制过程广泛采用计算机控制，轧制水平的提高对轧制过程模型的计算精度也提出了更高的要求。例如，三维差分法、边界元法及条元法等分析模拟轧制过程三维应力与变形的理论方法和基于能量原理的变分法、上下界法等新方法应运而生。这些方法为轧制压力、轧制力矩、功率、宽展、前滑等轧制过程参数的近似计算问题提供了良好的解决方案。

第三阶段自20世纪80年代至20世纪90年代，代表方法为有限元法。早在20世纪60年代，马克尔便提出了弹塑性有限元法，1973年，美国的Kobayashi和Lee提出了计算模型更为简单、计算量更少的刚塑性有限元法。随后有限元法被越来越多地应用在轧制领域，许多研究人员通过有限元法研究轧制过程，包括带凸度的板材轧制和薄板轧制的前张应力分布等问题。有限元法很大程度上解决了经典轧制理论不能解决的问题，是轧制理论发展的又一座里程碑。

第四阶段为20世纪90年代至今。有限元法虽然能解决一系列经典轧制理论不能解决的问题，但其计算效率低、计算成本高，同时由于轧制过程具有非线性、多变量、强耦合性等特点，有限元法无法精确完整地描述这些特点，因此提出了更为完善的人工智能方法。人工智能方法从新的角度去描述轧制过程，短短几年时间已在冷连轧生产线各个环节有所应用。通过采用人工神经网络、模糊控制、专家系统和遗传算法等人工智能方法完成了模型设定、参数预报、过程优化等多方面的工作。

为了实现板带轧机的设定计算和厚度、板形等质量控制，需要用到多种数学模型，这些模型既独立存在又一定程度上对其他模型造成影响。轧制过程中涉及的主要数学模型见表1-1。

表1-1　轧制过程主要数学模型

模型种类	模型说明
温降模型	影响厚度、宽度及板形的设定，其预报精度直接影响轧制力的预报精度
轧制力模型	是影响穿带过程的主要因素，其预报精度影响厚度及凸度设定精度，包括变形阻力子模型和变形区应力状态子模型

续表

模型种类	模型说明
前滑模型	用于冷连轧机组各机架的速度设定计算，影响冷连轧张力控制
轧机方面模型	包括弹跳方程、轧辊凸度方程、热辊型、磨损辊型等，对轧制过程多方面有重要影响

然而，冷连轧过程控制数学模型并不仅仅是通过一个个数学表达式来计算所需的工艺参数，它是一个完整的技术体系，主要由以下 3 个方面构成[65]。

（1）设定参数计算。轧机设定参数计算的目的是为轧制过程控制提供各种目标设备的状态参数，包括弯辊量、窜辊量、辊缝值、乳化液流量、轧辊倾斜量、板形目标曲线、带钢塑性系数及基础自动化 AGC（Auto Gauge Control）、HGC（Hydraulic Gauge Control）、FGC（Flying Gauge Control）等控制功能所需要的控制参数、增益值和调控效率值等。一个典型的冷连轧参数目标设定控制模型如图 1－6 所示。

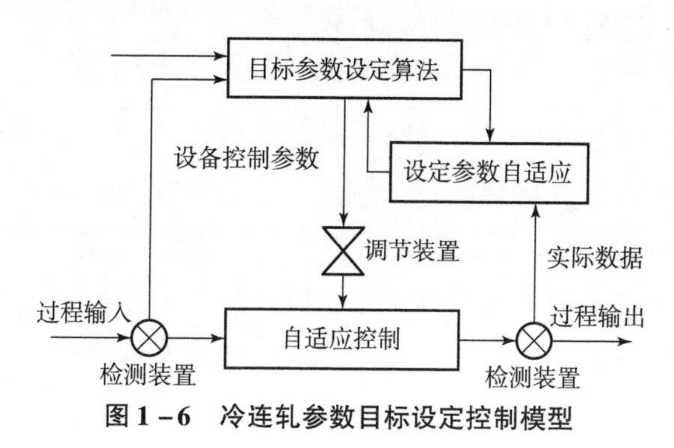

图 1－6　冷连轧参数目标设定控制模型

（2）负荷分配与轧制规程计算。负荷分配计算是确定冷连轧过程中各机架的压下量，即压下规程。轧制规程计算是在负荷分配计算出压下规程的同时，确定出相应的速度制度和张力制度等参数。

（3）自适应与自学习计算。自适应和自学习的主要功能是利用冷连轧过程中各种检查仪表的实测值对计算模型进行修正，以达到提高工艺参数计算精度的目的。与此同时，自适应学习还可以在传统指数平滑计算的基础上，采用神经元网络等人工智能方法，进一步提高模型设定精度。

数学模型、轧制规程设定以及模型优化共同构成了冷连轧过程控制系统的核心——模型设定系统，其主要任务是计算轧制过程需要的工艺参数，并通过自适应利用实测数据对设定参数进行修正，以达到提高参数设定精度的目的。图 1－7 为冷连轧模型系统功能框图。

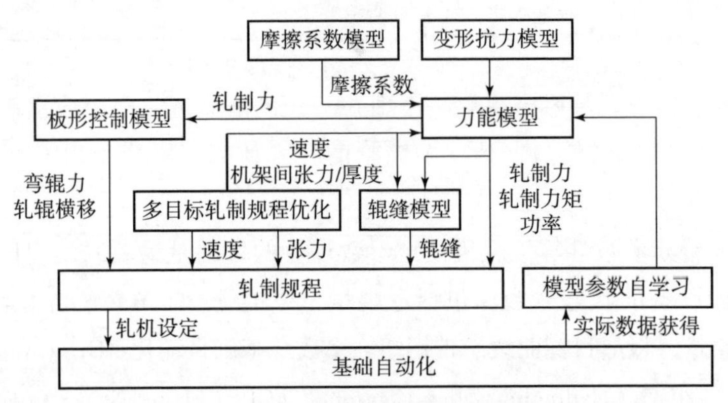

图 1－7　冷连轧模型系统功能框图

1.5　多目标优化问题概述

线性规划和非线性规划所研究的问题都只包含一个目标函数，因此这类问题被称为单目标最优化问题，简称为单目标规划。但是，现实世界中大多数优化问题都涉及多个目标，如投资、物资调运、配方、设计等问题，并且大多数情况下这些目标不可比，它们的数值不能直接进行优劣关系的比较。除此之外，目标之间经常是相互冲突的，在不降低一种目标值的情况下，不能任意提高其他目标的性能，而只能在各个目标之间取均衡后的结果。这种需要同时考虑多个目标在某种意义下的最优问题被称为多目标优化问题，简称多目标规划[66]。

1.5.1　多目标优化问题的发展

多目标优化问题的发展历程可以分为以下几个阶段[67]。

（1）1772 年，Franklin 提出了多目标矛盾如何协调的问题，这是多目标优化问题首次出现在人们的视野中。

（2）1896年，法国经济学家V. Pareto从政治经济学的角度，把很多不好比较的目标归纳为多目标最优化问题，国际上一般认为这是多目标优化问题最早的雏形。

（3）1944年，Von. Neumann和J. Morgenstern又从博弈论的角度，提出多个决策者而彼此又相互矛盾的多目标决策问题。

（4）1951年，T. C. Koopmans从生产与分配的活动分析中提出了多目标最优化问题，并且第一次提出了Pareto最优解的概念。同年，H. W. Kuhn和A. W. Tucker从数学规划的角度，给出了向量极值问题的Pareto最优解的概念，并研究了这种解的充分与必要条件。

（5）1953年，Arron等对凸集提出了有效点的概念，从此多目标规划逐渐受到人们的关注。

（6）1963年，L. A. Zadeh从控制论的角度提出多目标控制问题。在此期间，Charnes、Karlin、Klinger、Polak、Keeney、Geoffrion等先后都做了较有影响的工作。

（7）1968年，Z. Johnsen系统地提出了关于多目标决策模型的研究报告，这是多目标最优化这门学科开始大发展的一个转折点。

（8）1975年，M. Zeleny编写了第一本关于多目标最优化问题的论文集。

自1972年起，国际上已经召开了十余次以多目标决策命名的学术会议。多目标最优化不仅在理论上取得很多重要成果，在应用上其范围也越来越广。在我国，多目标最优化的研究是从20世纪70年代后期开始的，并且在近三十年迅速发展，取得了长足的进步。随着理论研究的不断深入，其应用范围也日益广泛，涉及航空航天、过程控制、人工智能、计算科学等许多实际复杂系统的设计、建模和规划问题等诸多领域。

1.5.2 多目标优化概念及术语

1.5.2.1 多目标优化问题

一般多目标优化问题可以用数学表达式描述：

$$\begin{cases}\min \boldsymbol{y}=f(\boldsymbol{x})=[f_1(\boldsymbol{x}),f_2(\boldsymbol{x}),\cdots,f_k(\boldsymbol{x})] \\ \text{s. t. } g(\boldsymbol{x})=[g_1(\boldsymbol{x}),g_2(\boldsymbol{x}),\cdots,g_n(\boldsymbol{x})]\leqslant 0\end{cases} \tag{1.4}$$

式中：n 维决策向量 $\boldsymbol{x}=(x_1,x_2,\cdots,x_n)\in X$，$k$ 维目标向量 $\boldsymbol{y}=(y_1,y_2,\cdots,y_k)\in Y$，$X$ 表示决策向量形成的决策空间，Y 表示目标向量形成的目标空间，而 $g(\boldsymbol{x})$ 为约束条件，它决定了决策向量的可行取值范围。优化函数将决策向量 $\boldsymbol{x}$ 映射到目标向量 $\boldsymbol{y}$，记为 F：$\Omega\rightarrow\Lambda$。以上考虑为最小化问题，对于最大化问题有相似的定义。

1.5.2.2 可行解集

可行解集 X_f 为所有满足约束条件的决策向量 $\boldsymbol{x}$ 的集合，即

$$X_f=\{\boldsymbol{x}\subset X\,|\,g(\boldsymbol{x})\leqslant 0\} \tag{1.5}$$

那么相对应的目标空间为

$$Y_f=f(X_f)=Y_{x\in X_f}\{f(\boldsymbol{x})\} \tag{1.6}$$

1.5.2.3 Pareto 优胜关系

对于两个目标向量 z^1 和 z^2，它们之间的关系如下。

（1）严格优于关系“$\gg$”。如果 z^1 在所有目标上都好于 z^2，则 z^1 严格优于 z^2，表示为 $z^1\gg z^2$。

（2）优于关系“$>$”。如果 z^1 在所有目标上都不差于 z^2，并且至少在一个目标上 z^1 要好于 z^2，则 z^1 优于 z^2，表示为 $z^1>z^2$。

（3）弱优于关系“$\geqslant$”。如果 z^1 在所有目标上都不差于 z^2，则 z^1 弱优于 z^2，表示为 $z^1\geqslant z^2$。

（4）不可比较关系“$\|$”。如果 z^1 既不弱优于 z^2 又不被 z^2 弱优于，则 z^1 与 z^2 不可比较，表示为 $z^1\,\|\,z^2$。

（5）无差别关系“$\sim$”。如果 z^1 在所有目标上都与 z^2 相等，则 z^1 无差别于 z^2，表示为 $z^1\sim z^2$。

1.5.2.4 Pareto 最优解

对于集合 $A\subseteq X_f$，决策向量 $\boldsymbol{x}\in X_f$ 为非劣的，即当且仅当 $\boldsymbol{x}$ 在 X_f 中是非

劣的，决策向量 $\boldsymbol{x}$ 才是 Pareto 最优解。Pareto 最优解之间是无差别关系，所有 Pareto 最优解的集合称为 Pareto 最优解集。当对应到图形上时，二维目标函数的 Pareto 最优解集对应曲线，称为 Pareto 前沿；三维目标函数的 Pareto 最优边界构成曲面，3 个以上的最优边界构成超曲面。

因为几个解可能会映射到同一个目标向量，所有 Pareto 前沿中所包含的最优目标向量的数量可能不会与 Pareto 最优解集中解的数量相同。

1.5.2.5 Pareto 近似解集

多目标优化问题的搜索空间中包含很多决策向量，目标空间中包含很多目标向量，搜索的焦点是相互之间不可比较的解的集合，称为 Pareto 近似解集。于是相互之间不可比较的目标向量的集合在这里称为 Pareto 近似前沿。

可以将上面用于表示决策向量和目标向量之间关系的 Pareto 优胜关系进行扩展来表示 Pareto 近似解集和 Pareto 近似前沿之间的关系。表 1－2 给出了目标向量和近似解集之间所有的对应关系。

表 1－2 目标向量和近似解集之间的对应关系

关系	关系	目标向量	关系	近似解集
严格优于	$z^1 \gg z^2$	z^1 在所有目标上都好于 z^2	$A \gg B$	任意 $z^2 \in B$ 都被至少一个 $z^1 \in A$ 所严格优于
优于	$z^1 > z^2$	z^1 在所有目标上都不差于 z^2 且至少在一个目标上 z^1 要好于 z^2	$A > B$	任意 $z^2 \in B$ 都被至少一个 $z^1 \in A$ 所优于
好于			$A \rhd B$	任意 $z^2 \in B$ 都被至少一个 $z^1 \in A$ 所弱优于并且 $A \neq B$
弱优于	$z^1 \geqslant z^2$	z^1 在所有目标上都不差于 z^2	$A \geqslant B$	任意 $z^2 \in B$ 都被至少一个 $z^1 \in A$ 所弱优于
不可比较	$z^1 \parallel z^2$	z^1 既不弱优于 z^2 又不被 z^2 弱优于	$A \parallel B$	B 既不弱优于 A 又不被 A 弱优于

1.5.3 多目标优化算法的分类

多目标优化算法大致上可以分为聚合法、基于群体的非 Pareto 法和基于 Pareto 的方法三类。

1.5.3.1 聚合法

聚合法是将多个目标聚合成一个函数来进行优化，这类方法主要有加权法、约束法、目标规划法、混合法和最小最大法等。

1. 加权法

加权法通过将所有的目标函数乘以不同的权重，再把它们加起来作为有待优化的单一目标，即

$$Z = \sum_{i=1}^{k} \omega_i f_i(\boldsymbol{x}) \tag{1.7}$$

式中：$\boldsymbol{x} \in X_f$，X_f 为可行域。

不同的权重会得到不同的结果，用权重法求解的一种方法就是采用各种不同的权重，从而得到一组解，此时需要决策者根据自己的要求从中做出最佳选择。

权系数 ω_i 是一小数（$0 \leqslant \omega_i \leqslant 1$），所有的权系数之和为 1，即

$$\sum_{i=1}^{N} \omega_i = 1 \tag{1.8}$$

此方法中最优解由权系数向量 $\boldsymbol{\omega}$ 控制。

2. 目标规划法

在使用这种方法时，决策者需要确定每一个目标函数所要达到的值，这些要求作为额外的约束条件引入到问题中。因此，目标函数就转化为最小化这些目标函数值与相应要求值之间的差距，其最简单的模型为

$$\min \sum_{i=1}^{k} |f_i(\boldsymbol{x}) - T_i|, \boldsymbol{x} \in X_f \tag{1.9}$$

式中：T_i 表示决策者对于第 i 个目标函数 $f_i(\boldsymbol{x})$ 的理想目标值；X_f 表示可行域。

由此优化问题即可以转化为最小化所有目标函数实际可以达到的值和理想目标值之间差的绝对值之和，称为目标向量优化法。此方法适用于目标函数是线性的或者部分线性的情况，对于非线性情况不太适用。

3. 最小最大法

此方法试图最小化个体最优的单个目标函数的相关偏差，也就是尽可能最小化目标冲突。对于最小化问题，相应的最小最大问题的通式可以表示为

$$\text{minimize } F(\boldsymbol{x}) = \max[Z_j(\boldsymbol{x})], j = 1,2,\cdots,N \tag{1.10}$$

式中：$\boldsymbol{x} \in X$，X 为可行域；$Z_j(\boldsymbol{x})$ 由非负目标最优值$\overline{f_j} > 0$ 通过下式计算：

$$Z_j(\boldsymbol{x}) = \frac{f_i - \overline{f_j}}{f_i}, j = 1,2,\cdots,N \tag{1.11}$$

当待优化的目标优先权相同时，这一方法能产生最好的折中解。通常可通过引入小范围权重改变每一个目标的优先权，也可以引入需求标准矢量化为目标规划技术。

1.5.3.2　基于群体的非 Pareto 法

1. Lexicographic Ordering

1985 年，Fourman 首次提出将目标按重要性排序，然后依次选择目标进行优化，也可以在每一代进化中随机地选择一个目标进行优化。

2. 向量评估遗传算法（VEGA）

于 1986 年，Steuer 将一个规模为 M 的群体分成 k 个子群体并分别针对不同的子目标进行优化，每个子群体规模为 M/k，其中 k 为目标数，然后将 k 个子群体混合到一起进化。该方法的不足之处为当 True Pareto Front 呈非凸时难以找到最优解，优点为方法简单、易于实现，一次运行即可以产生多个解。

3. 可变目标权重聚合法（HLGA）

该方法的思想为基于权重理论，按适应度分配使用各目标函数加权和。与传统权重方法不同，为了并行搜索，每个个体的适应度即目标函数权重的组合各不相同，问题解和权重同时实施进化操作。

4. Aggregating Approaches

该方法采用 fitness combination 方法（线性或非线性），对所求的个体适应度进行选择操作，每次运行时产生一组解。由于采用了带权组合方法求个体适应度，因此将会丢失一些属于最优边界上的解。

5. Target - vector Approaches

该方法的特点为将一个目标与其期望的目标之间的距离作为组合适应度。

6. The ε - constraint Method

此方法提出先最小化所有目标函数中首要的一个，首先将其余各个目标函数视为某种程度上 ε_i 可以违反的约束条件；然后通过选取不同的 ε_i 得到非劣解集。其不足之处为耗时太多，针对具有太多目标函数的问题时，编码有很大困难。

1.5.3.3 基于 Pareto 优化的方法

基于 Pareto 优化的方法，其主要优点是简单、易于实现，同时具有较高的效率，但是该方法限制了搜索空间，不能找出所有的可能解。

1. Pure Pareto Ranking

该方法引入 Pareto Rank 机制来实现选择操作，但通用性欠佳，因为它需要根据具体的优化对象来选择维持解群体多样性的方法。

2. MOGA

MOGA 算法由 Fonseca 和 Fleming 提出，该方法采用了基于一代个体数量的排序方法，其不足之处是如果小生境信息是基于目标函数的，则两个具有相同目标函数向量的不同个体是无法在同一代种群中存在的，而这两个解可能恰巧为决策者想要的结果。该方法的优点是效率较高，且易于实现。

3. MOMGA 和 MOMGA - Ⅱ

Van Veldhuizen 和 Lamont 于 2000 年提出 MOMGA 算法，它改进了可变长个体的遗传算法，并把它应用于多目标优化问题中。该算法包括初始化、原始和并列三个阶段。初始化阶段中产生所有个体，然后在原始阶段通过锦标赛选择策略选择个体。若有必要可以改变种群的大小，在并列阶段采用切断和接合相结合的算子产生新的种群。此后，Zydallis 于 2001 年提出了 MOMGA - Ⅱ算法，采用了快速可变长个体的进化算法思想。

4. NSGA

NSGA 即非支配排序遗传算法，它是由 Srinivas 和 Deb 等基于个体的多

层次分类而提出的新的构造非支配集的方法。该方法的主要步骤：通过一个二重循环计算每个个体的 n_i 和 s_i，其中 n_i 记录支配个体 i 的个体数，s_i 记录被个体 i 支配的个体集合；按方法 $P_k=\{所有个体i|n_i-k+1=0\}$ 求支配集和非支配集，其中 P_1 为非支配集，其他为支配集。

5. NSGA－Ⅱ

针对 NSGA 的不足，Deb 等提出了非支配集排序的方法 NSGA－Ⅱ。该方法在包含父种群的子种群交配池中，依照适应度和分布度选择最好的 N 个个体，这种新的选择操作使解具有较好的分布性。除此之外，算法采用了快速排序的方法来构造非支配集，降低了时间复杂度。其不足之处为难以找到孤立点，另外当目标数增加时可能产生搜索偏移。

6. NPGA 和 NPGA－Ⅱ

基于 Pareto 支配关系，Horn 和 Nafpliotis 提出了基于小生境的 NPGA 算法。该算法随机地从进化群体中选择两个个体，再随机地从进化群体中选取一个比较集 CS，如果其中一个个体不受 CS 支配，则该个体将被选中参与下一代进化，否则采用小生境技术实现共享来选取其中之一参与下一代进化。

Erickson 于 2001 年提出 NPGA－Ⅱ算法，它采用 Pareto Ranking 机制，同时也保留了锦标赛选择，另外还采用了共享适应度策略来计算小生境值，不足之处为通用性较差。

为了进一步提高算法的效率和有效性，外部集概念被引入。外部集通过存放当代的所有非支配个体，从而使解集保持较好的分布度。典型的算法包括 PAES 和 PESA 等。

7. SPEA 和 SPEA2

1999 年，SPEA 算法由 Zitzler 和 Thiele 提出。该算法的特点包括：除进化群体 Pop 外，SPEA 额外设置了一个外部集来保留进化中发现的非支配个体，并且外部集随群体的进化不断更新；用聚类过程来维持群体的多样性；按照个体前度对个体进行适应度赋值。2001 年，Zitzler 又提出 SPEA2 算法，它通过最近邻居密度评估策略保持了解的多样性，并且改变了 SPEA 关于适应度赋值的策略，大大提高了算法的性能。

对于冷连轧控制系统而言，其具有多变量、强耦合及深度非线性的特点，是最复杂的控制系统之一。冷连轧控制实现的过程中，通常不只包含一个目标，而是涉及多个目标，因此冷连轧控制系统的优化问题实质上是多目标优化问题。

本章小结

本书结合某1 450 mm六辊五机架全连续冷连轧机的电气自动化系统升级改造项目，以冷连轧过程控制及模型设定系统为对象，结合多目标优化算法，对冷连轧过程控制系统及在线数学模型进行深入的研究，建立基于影响函数法的轧制规程多目标优化模型、基于硬度辨识的冷连轧厚度控制模型，提出一种轧制力和前滑模型协同自适应的智能优化方法以及基于改进遗传算法的弯辊力预设定模型，通过离线测试以及工业应用验证上述模型的控制效果。具体的研究内容包括以下几个部分。

（1）提出一种基于目标函数的提高轧制力和前滑模型设定精度的新方法，通过建立轧制力和前滑模型的协同自适应目标函数，并采用多种群协同进化算法进行求解，通过现场测试验证该算法对轧制力和前滑模型设定精度的影响。

（2）建立基于硬度辨识的冷连轧厚度控制模型，解决冷轧来料硬度波动对带钢厚度精度的重发性影响，并提出兼顾板形的厚度控制方案，改进自动厚度控制策略，通过离线仿真验证该模型控制精度。

（3）提出一种针对薄规格带钢轧制规程的多目标优化算法。建立基于功率、张力和板形的综合多目标函数并通过影响函数法建立板形目标函数。采用禁忌搜索算法对多目标函数进行求解，并采用案例推理技术获得寻优过程的初始解，对该轧制过程多目标优化算法进行现场测试。

（4）建立基于辊缝凸度偏差的兼顾轧制力的弯辊力预设定多目标函数，考虑了板形控制和板厚控制的耦合关系对板形控制精度的影响。采用多目标智能优化算法求解弯辊力预设定模型，通过现场测试验证该模型对带钢板形精度的控制效果。

（5）将优化后的冷连轧过程控制系统进行工业应用，根据实测数据对过程控制系统的控制效果进行分析。

第2章　冷连轧过程自动化系统

酸洗冷连轧机的过程自动化系统位于工厂生产管理系统（L3）和基础自动化系统（L1）之间，因此也被称为二级控制系统（L2）。过程自动化系统面向整个冷连轧生产线，根据控制区域的不同可分为酸洗过程控制系统和轧机过程控制系统，其主要功能包括为各自区域的基础自动化系统提供合理的设定参数、数学模型的优化、生产过程数据和产品质量数据的采集和管理、设备运行数据的收集、生产计划的维护和物料的全线跟踪等。同时，过程计算机控制系统需要和工厂生产管理系统通信，接收生产计划指令、原料数据、设备数据等，并上传生产计划完成进度数据、能源介质统计数据、成品数据及设备使用数据。

酸洗冷连轧机的过程自动化系统是整条生产线计算机控制系统的核心组成部分，其运行稳定与否对带钢的生产有着重要的影响。本章以某冷轧厂1 450 mm酸洗冷连轧生产线为对象，对其轧机过程控制系统进行深入的研究，同时针对该生产线进行过程自动化系统功能结构的分析和执行流程的设计。

2.1　冷连轧控制系统概述

对于控制系统，凡是有计算机参与其中，则该系统称为计算机控制系统。计算机控制系统的硬件组成包括主机、外部设备、过程输入和输出设备、人机联系设备及通信设备等；软件组成包括系统软件和应用软件。系统软件一般分为高级算法语言、汇编语言、过程控制语言、操作系统、数据结构、通信网络软件、诊断程序等，主要由计算机专业人员负责编制。应用软件一般包括过程控制程序、过程输入和输出程序、打印显示程序、人机结构程序等，是系统设计人员针对某个特定生产过程而编制的程序[68,69]。计算机硬件组成框图如图 2－1 所示。

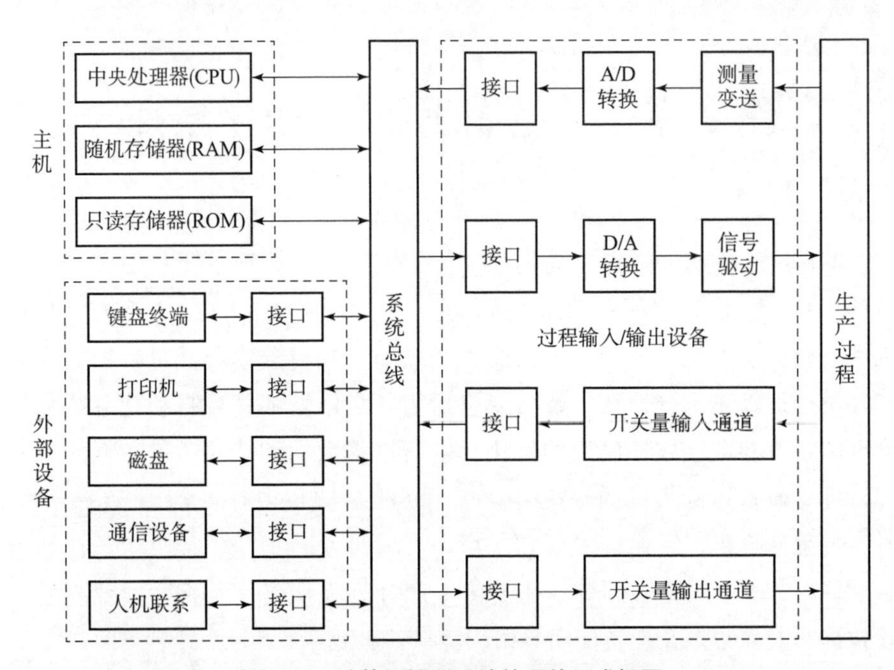

图 2－1　计算机控制系统的硬件组成框图

20 世纪 60 年代以来，计算机技术取得巨大进展，并广泛应用于工业控制领域，但最初只由一台计算机对生产线各环节实行集中控制，导致系统响应速度慢、软件维护困难、可靠性差、一个控制环节出现问题将造成整个生产线停机等问题。自 20 世纪 70 年代末期起，计算机技术进一步发展，带钢冷连轧生产全线均采用分布式计算机进行分级控制，一条冷连轧生产线的计算机控制系统一般由基础自动化级（L1）、过程自动化级（L2）和生产管理级（L3）三部分组成，各级完成不同的功能，如图 2－2 所示。

2.1.1　基础自动化级

冷连轧基础自动化级面向机组、设备及机构，一般由多个 CPU 的可编程逻辑控制器（PLC）完成，其中每个 CPU 负责入口、酸洗和轧机等过程中若干控制功能。随着液压传动及电气传动控制的数字化，传动控制也可

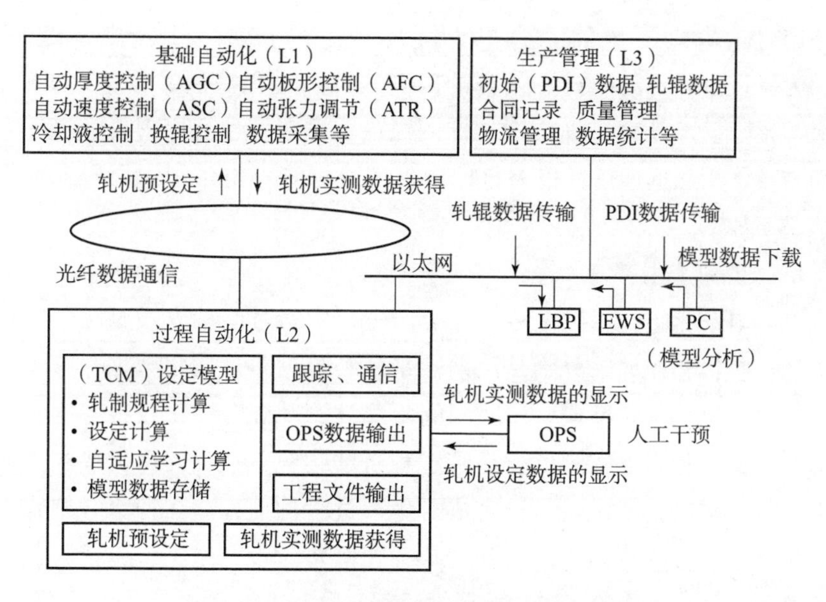

图 2－2　冷连轧计算机控制系统功能与链接

以划分到基础自动化级，或者可以另列为数字传动级（L0）[70]。按照控制功能的性质可将基础自动化级分为以下四类：轧件跟踪及运送控制、顺序/逻辑控制、设备控制和质量控制。具体的功能包括：采集实测参数，上传至过程计算机；根据设定值进行设备控制（位置、速度、弯辊力等）；顺序控制功能（穿带、加减速、通尾）；质量控制功能（厚度、速度、板形控制及各项补偿）；人机界面显示，打印报表、报警和干预输入等。

基础自动化 PLC 控制系统与人机接口的 WinCC 同属于西门子公司产品，因此控制系统在以太网及 Profibus－DP 网通信上比较简单，并且容易维护。

2.1.2　过程自动化级

过程自动化级面向整个冷轧生产线，过程控制计算机通常采用可以稳定运行的工业控制微型机，并采用双机系统，一台在线工作，另一台做热备份。过程自动化的核心任务为对生产线上各个机组和设备进行设定值计算，包括应用数学模型预报各个设备的设定值及对冷连轧机组进行负荷分配计算。冷连轧过程控制的主要功能为厚度设定及板形设定，由过程自动化级计算出设定值后下发至基础自动化级，再由基础自动化级执行设定值的整定[71]。

为保证过程自动化核心任务的顺利完成，过程控制需具备以下功能：读取初始数据及处理采样数据、带钢跟踪、设定模型及模型自学习、人机界面与操作、数据通信、报表打印、生产数据管理与工程记录等，其主要功能说明如下。

1. 数据采集与管理

基础自动化级计算机在冷连轧生产过程中通过两种方式对实际数据进行采样、收集和存储，分别是周期性采样和根据事件收集数据，其中周期性采样由一定轧制长度或一定时间间隔触发。基础自动化级将采集到的轧制力、速度、张力等实测值发送给过程自动化级，过程计算机接收这些数据并存储，提供给工作人员以完成对生产过程的监控。在特定时刻或操作人员请求下，过程自动化级向基础自动化级传送设定数据，包括各机架的压下量、辊缝、张力等，以指导轧制过程的顺利进行。

2. 数学模型

模型设定系统是冷连轧过程控制系统的核心组成部分。该系统以数学模型为基础并采用优化算法，为冷连轧生产制定轧制工艺制度和计算轧制过程中的工艺参数，以达到在保证设备能力的基础上提高产品产量、质量和生产效率的目的。模型设定系统主要包括负荷分配与轧制规程计算、轧机设定及控制参数计算和模型自适应学习三部分内容。同时，在过程控制模型系统中，还设有一台 PC 用于模型系统的离线分析，完成实测数据和计算数据的存储、管理、统计分析及仿真计算等功能。

3. 带钢跟踪

在轧制生产过程中，带钢跟踪的主要功能是根据基础自动化循环上传的焊缝位置、设备动作及事件信号等信息，维护从生产线入口到出口全程的带钢状态、数据记录及钢卷物理位置等信息，控制轧机的生产状态，并实现带钢断带及分卷等特殊情况的处理。同时，带钢跟踪功能还要根据事件信号在相应时刻触发其他控制功能，包括数据采集与发送、轧机设定及模型自适应等功能。以酸洗 - 冷连轧机组为例，其带钢跟踪的范围包括入口卷处理段、活套段、张力拉矫段、酸洗段、轧机入口段、轧机段、轧机出口段及出口处理段。

2.1.3　生产管理级

生产管理控制计算机一般采用微型机，主要包括不同生产工序（炼钢、连铸、热轧、冷轧）之间生产计划的协调、冷连轧机组生产计划的编排、合同管理、物流管理、生产数据统计等功能，除此之外还负责板坯库、成品库及轧辊磨辊间等的管理工作[72]。生产管理计算机通过以太网将原始数据和轧辊数据传送给过程控制计算机进行参数设定计算，并对产品质量进行跟踪和管理。原始数据输入（PDI）是控制参数计算的初始信息，包括钢种、钢卷号、来料宽度、厚度、长度、重量、成品厚度、来料板形、成品板形等；轧辊数据由工作辊、中间辊和支撑辊的长度、直径、凸度、轧制长度、粗糙度、换辊次数等组成。

2.2　冷连轧机组过程控制系统

2.2.1　过程控制系统结构及功能

过程自动化系统在生产线自动控制系统中的主要功能是用来管理生产过程的数据。通常过程自动化系统需要收集生产过程数据、设备运行数据和产品质量数据，管理生产计划、原料和成品数据，协调各控制系统间的动作和数据传递，实现物料数据的全线跟踪，完成各设备的设定值计算和数学模型优化等。过程计算机控制系统需要和工厂生产管理系统通信，接收生产计划指令、原料数据、设备数据等数据，上传生产计划完成进度数据、生产结果数据、设备使用数据和各种其他管理需要的数据。对过程控制系统要求是可靠性高，具有实时控制系统的时间响应要求，能够利用数据库提供大量数据的存储，具有强大的数据审计功能和运行轨迹跟踪功能，能够灵活支持多种通信方式（特别是工业用标准通信方式），能够为设备提供生产设定值。

过程控制系统功能总览如图 2 - 3 所示。

为了实现过程自动化系统的任务，过程控制系统应具有如下功能。

（1）通信功能。二级机与三级机及二级机与一级机之间的数据相互传输，保证数据传递的准确性。

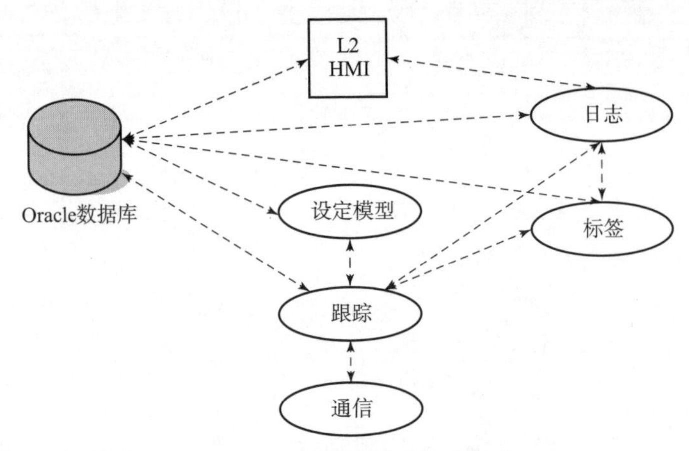

图 2－3　过程控制系统功能总览

（2）酸洗轧机通信。负责处理轧机二级和酸洗二级的通信接口，通过循环扫描数据库的方式处理酸洗数据库发送来的数据信息。

（3）带钢跟踪。带钢跟踪为过程控制系统的中枢系统，它的主要功能是根据 L1 级上传的跟踪信息及设备动作，维护钢卷从轧机入口到出口鞍座整条轧线上的物理位置、带钢状态及带钢数据记录等信息；同时，还要根据事件信号启动其他功能模块，触发数据采集与发送、轧机自动设定和模型自适应等功能。

（4）标签服务。二级进程和二级人机界面（HMI）可以读/写标签变量，当标签值改变时会产生提示信息，同时也可以对标签变量进行强制修改或删除。二级进程与 HMI 也可以通过监控同一个变量来实现通信功能。

（5）模型设定。以生产计划和钢卷数据为指导，首先选取最合适的轧制规范及相应数学模型计算参数来进行设定计算；然后把设定值传递给基础自动化系统。同时，采用模型自适应来提高数学模型的计算精度。

（6）报表系统。打印生产设备情况和轧制生产信息，以便工程师分析产品的生产状况和出现事故时分析事故原因。报表的设定和启动是通过报表管理画面实现的，报表主要包括钢卷轧制信息、生产数据报表、轧机停机、轧制中的故障及断带记录、换辊记录、能源介质统计及产品质量评估等。

（7）日志进程。对过程控制系统内部产生的报警信息和报警状态进行处理，在二级 HMI 上显示，同时存储报警信息到数据库中。

（8）Oracle 数据库。通过 Oracle 数据库中的 DB_Link、Trigger 以及存储过程来完成酸洗二级与轧机二级、轧机二级与三级之间的通信，并采用 Oracle 数据库来存储所有过程数据和实测数据。

2.2.2　与生产管理系统进行数据传输

轧机过程控制系统根据功能分解成多个进程，每个进程完成特定的功能，进程间通信采用客户机/服务器（Client/Server）模式。

过程控制系统与生产管理系统之间的数据传输是双向的，过程控制计算机接收来自生产管理计算机的生产计划、钢卷主数据和轧辊数据等信息，同时将生产实际数据、轧辊工作统计数据发送给生产管理计算机。为了保证系统间数据传输的稳定性，传输数据通常采用 TCP/IP 的 SOCKET 方式来实现，通信中的数据按照 INBS（binary steaming）二进制进程流进行格式转换，进程和外部轧机一级通信也是基于此原理。该通信方式广泛地应用于制造业生产计划系统、生产控制系统以及生产执行系统等各通信终端的通信协议。

每个进程都属于多线程的进程，其中至少一个线程用来提供 Service 以便对外部进程通信请求进行处理，同时进程中至少有一个线程作为 Client 端去访问其他进程。

过程控制计算机与生产管理计算机的数据发送与接收的流程如图 2－4 所示。

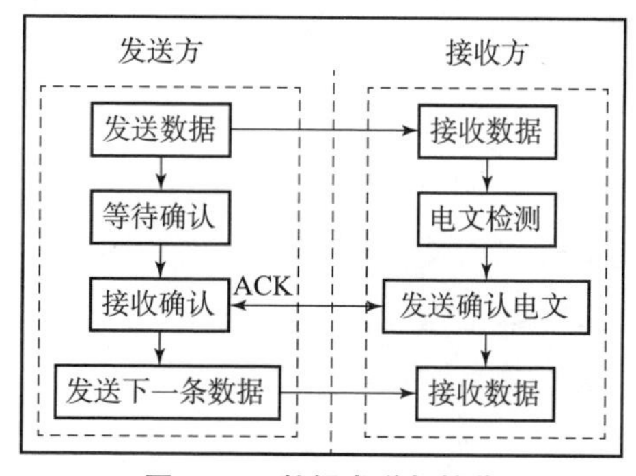

图 2－4　数据发送与接收

从图 2 – 4 中可以看出，数据发送与接收的流程如下。

(1) 发送流程。发送一条普通数据、等待确认（超时或负应答重发）、发送下一条数据。

(2) 接收流程。接收数据、检查数据有效性、发送确认（ACK 表示正确，NACK 表示错误。电文接收方必须对收到的数据电文作底层自动确认，表示该数据电文已经收到，以保证发送电文的可靠性）、接收下一条数据。

TCP/IP 不支持监测接收进程正确接收电文与否。因而，如果其他计算机中的接收进程不通过异常处理对发送进程做出回复，那发送进程将永远等待确认电文。为避免这种情况，发送进程使用一个定时器，用于生成超时事件，如图 2 – 5 所示。

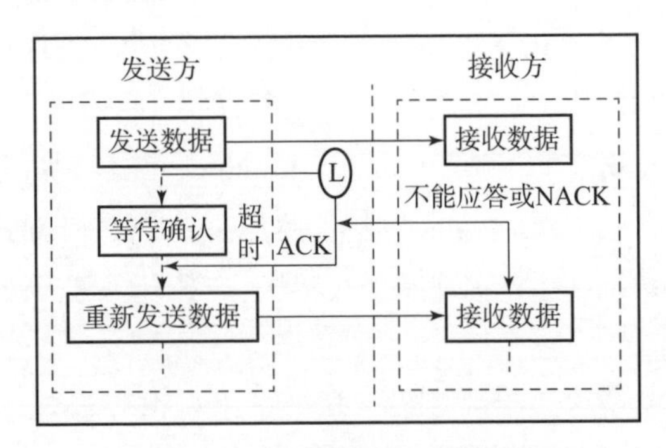

图 2 – 5　应答超时与重发机制

当发送进程发送一条普通数据时，它会生成超时监控功能。如果发送进程没有在超时阶段内收到确认电文或收到负应答，它会通告传输错误管理进程，然后进行重发数据操作，重发次数可以配置。

二级（L2）与三级（L3）之间的通信内容主要包括以下方面。

(1) 钢卷计划和主数据的请求与应答。二级人员可以通过二级 HMI 向三级系统申请生产计划。三级系统若已经安排好生产计划，则会根据二级的申请要求生成钢卷生产计划，之后二级系统接收并保存；若无计划，则发送无钢卷计划报文至二级。二级系统接收到的生产计划只包含了钢卷号，而无主数据，因此在接收到计划后，会根据接收到的计划中的钢卷号逐条向三级系统申请主数据。

(2) 生产命令删除与应答。生产管理人员可根据钢卷号向二级系统发送删除钢卷报文；二级系统在删除该钢卷后，会发送钢卷删除报文应答报文。

（3）轧辊数据请求与应答。二级系统可通过 HMI 向三级系统申请轧辊数据。

（4）装上辊/卸下辊报文。二级系统根据现场的换辊动作，向三级系统发送装上辊、卸下辊的历史数据，记录轧辊的换辊时间、换辊原因等。

（5）钢卷回退、钢卷上下线、钢卷进入机组。二级系统根据现场操作人员的触发或现场检测设备信号，实时向三级系统更新钢卷的状态。

（6）钢卷生产数据。当钢卷轧制完成，并已经称重结束后，二级系统将轧制该钢卷的现场数据发送至三级系统，发送自动或手动均可。

（7）停机记录。发送停机开始、结束时间，停机原因等。

（8）班组能源介质。在换班时自动发送。

2.2.3　带钢跟踪管理

在冷轧轧机生产线中二级系统具有对轧机内部位置跟踪的功能。跟踪的目的是在生产过程中，给出钢卷的物理位置数据；同时轧机二级系统还利用酸洗二级系统循环发送的酸洗钢卷跟踪映像数据来确认下一个即将进入冷连轧机的钢卷，这个数据表将从二级 HMI 上体现出来。一旦轧制完成一卷后轧机二级跟踪进程会自动把酸洗跟踪映像中离轧机最近的一卷钢卷加入轧机跟踪映像中，实现连续轧制。

冷连轧生产线全线跟踪功能总览如图 2 -6 所示。

带钢跟踪由 L1 级与 L2 级的跟踪功能共同完成，其中 L2 级中的跟踪属于被动跟踪，包含如下两个基本功能。

（1）钢卷跟踪。根据轧机 L1 级循环上传的焊缝位置、设备动作及事件信号等信息，维护从轧机入口到出口鞍座整条轧线上的钢卷物理位置、带钢数据记录及带钢状态等信息。

（2）功能触发。根据事件信号启动其他功能模块，触发数据采集与发送、轧机自动设定和模型自适应等功能。

轧机二级 L2 级系统将冷轧轧机段生产线划分为若干跟踪区域，如图 2 -7 所示。L2 级负责维护物料映像，即跟踪区域钢卷记录指针。钢卷记录包含该带钢的 PDI 及其他过程信息，如轧制力、厚度等。

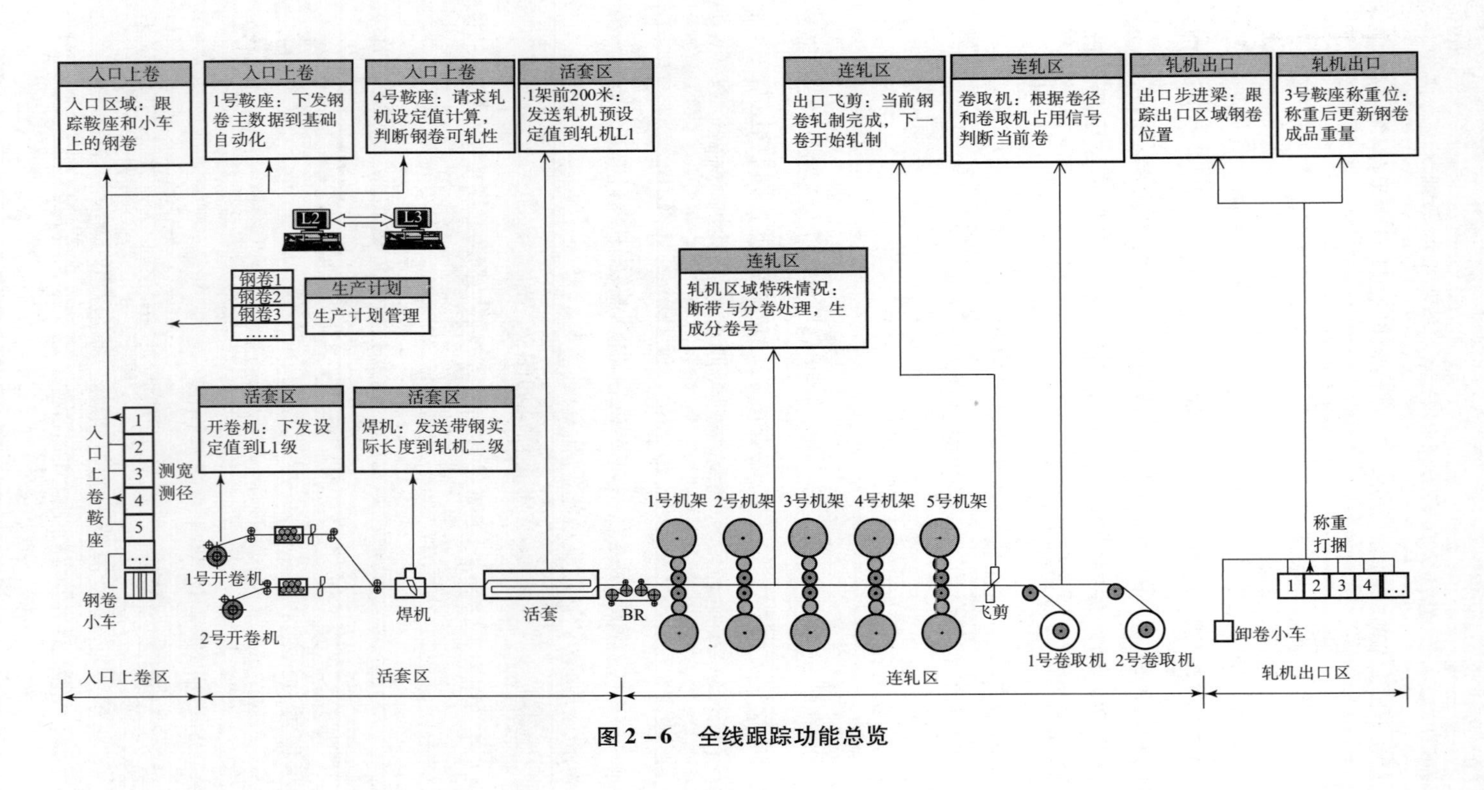

图 2－6　全线跟踪功能总览

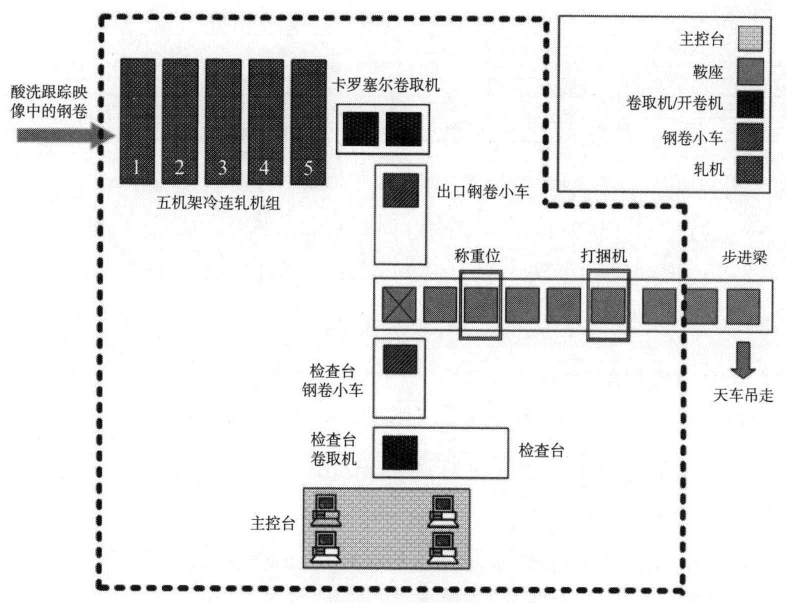

图 2－7　轧机二级钢卷跟踪示意图

每个钢卷只能在一个位置出现。自动追踪则利用了 PLC 从一个区域到另一个区域的运动信息，利用循环反馈的信息来完成追踪。L2 级从最后一个区域开始对 PLC 信息进行分析，一直到第一个区域。为了能够接收到从一个区域到另一个的运动情况，需同时满足 PLC 信号要与它所对应的运动方向相符和 L2 级下一个追踪区域为空两个条件。

轧机钢卷跟踪是对处于出口飞剪与出口鞍座之间的钢卷的移动进行跟踪。当钢卷增加或移动时，L2 级依据 L1 级上传信号更新跟踪信息。出口跟踪主要处理的事件包括：出口飞剪剪切、TR 抽出、出口钢卷小车移动、出口步进梁移动、出口步进梁鞍座卸卷和钢卷检查小车移动。

跟踪处理过程包含以下几个方面。

（1）出口飞剪剪切处理。当 L2 级检测到 L1 级上传的剪切信号时，L2 级认为卷筒上的钢卷被剪切。L2 级将钢卷数据从卷筒 TR1 移动到 TR2，同时为卷筒 TR1 创建下一钢卷数据。

（2）卷筒 TR 抽出处理。当卷筒 TR2 抽出完成，L2 级根据 L1 级上传的抽出完成信号识别该事件，同时将钢卷数据从 TR2 移动到出口钢卷小车 DCC 上，如图 2－8 所示。

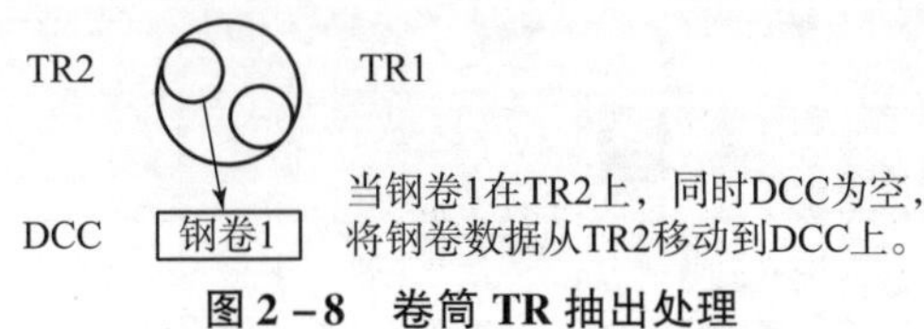

图 2-8　卷筒 TR 抽出处理

(3) 钢卷检查小车移动。当出口钢卷小车 DCC 移动到钢卷检查小车 ICC 完成，L2 级根据 L1 级上传的信号识别该事件，同时将钢卷数据从 DCC 移动到 ICC。

(4) 出口步进梁移动。当检测到出口步进梁移动完成信号时，L2 级识别该事件，同时将 ICC 和出口鞍座上的钢卷数据往下游传送。

(5) 出口鞍座卸卷。当鞍座负荷信号消失时，L2 级识别该事件，同时删除该鞍座上的钢卷数据信息。

当钢卷到达出口步进梁称重位置以后，吊车将从出口步进梁上把钢卷移走。在这个阶段，已经不再进行二级跟踪并且钢卷从跟踪区域被自动移走。

在轧制线的钢卷生产阶段，钢卷具有一定的状态，如表 2-1 所示。

表 2-1　钢卷状态

钢卷状态	触发时机	值
在计划表中	钢卷在生产计划表中被创建	0
设定值有效	钢卷上到酸洗线入口后成功完成了轧机设定值计算	1
轧制完成	钢卷已经轧制完成	2
钢卷拒绝	操作工移除一个钢卷	3
钢卷取消	操作工取消一个钢卷	9

此外，跟踪对于当前的和下一个要轧制的钢卷保有两个指针。

(1) “Current coil” = 已经在连轧机上定位的钢卷，否则为空（= 无卷）。

(2) “Next coil” = 酸洗线钢卷表中从第一卷开始在当前卷之后的第一卷。仅当酸洗线的钢卷表中再也没有钢卷，则下卷赋值为空。

当一个机架换辊完成且对机架进行的标定完成比特位信号从 0 改变到 1，在安全的情况下跟踪进程发送信息到模型计算进程，对标定后的轧制力和弯辊力进行相应计算。当模型响应后，跟踪调用模型进行下一卷的预设定计算，然后下载这个预设定值给 L1 系统。

2.2.4　数据采集管理

数据采集管理功能对 L1 系统发送的实际数据进行收集和存储，收集的数据按成品钢卷或入口钢卷为单位编辑，并且传送给 L3 系统。另外，这些收集的数据可以在 OPS 上显示，有助于操作人员的操作，并可以进行报表输出等。数据的收集有事件收集型（N：N）和周期收集型（定长采样）两种方式，其示意图分别如图 2－9 和图 2－10 所示。

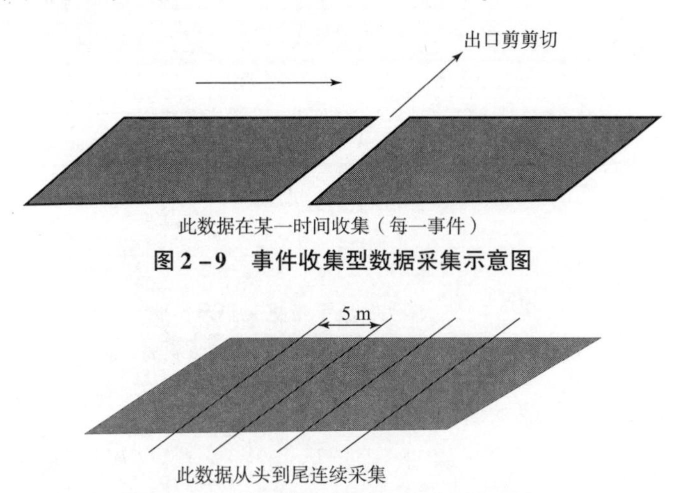

图 2－9　事件收集型数据采集示意图

图 2－10　周期收集型数据采集示意图

数据采集管理的功能关系如图 2－11 所示。

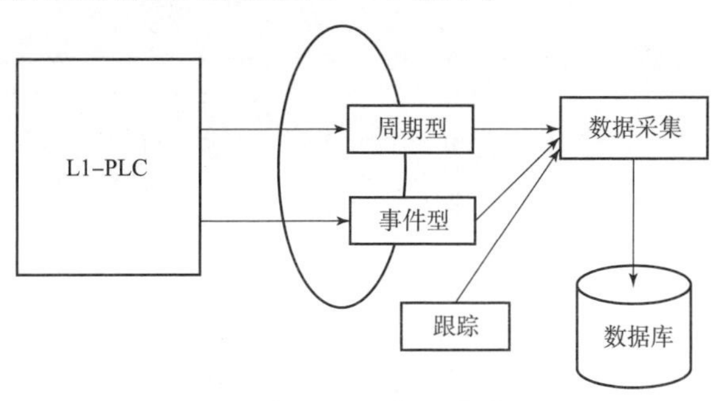

图 2－11　数据采集管理功能关系图

1. 事件收集型数据的采集

以事件收集方式传送的数据有入口钢卷测量数据、焊接结果、成品钢卷数据、称重结果、能源介质的消耗项、轧机辊缝调零数据等。以焊接结果和成品钢卷数据为例的示意图如图 2－12 所示。

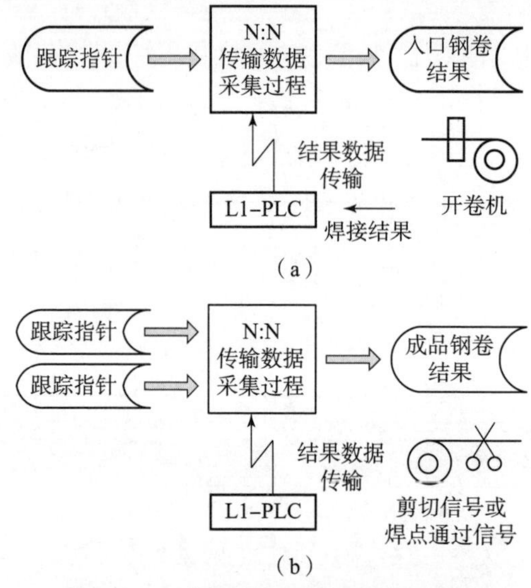

图 2－12　事件收集型数据采集示意图

(a) 焊接结果数据的采集；(b) 成品钢卷数据的采集

2. 周期性传送数据的采集

L2 系统以 100 ms 的间隔获取周期性的数据，并且以每 5 m 的带钢长度进行存储。所有的周期性数据和入口钢卷长度数据被存储在周期性数据缓存表中，数据采集的示意图如图 2－13 所示。

2.2.5　班组管理

班组管理对每个班组在机组运行时的信息进行收集和控制，其中包括了班组结果的收集和机组停机信息的收集。

1. 班组结果的收集

在每班换班前或进行生产统计和停机时，班组结果对工作时监视的信息进行收集并且对班组结果中能源介质的消耗量进行统计。L2 系统的数据统计功能可以进行班组统计、日统计（以班组统计数据为基础）、月统计（以日累计数据为基础），每次将班

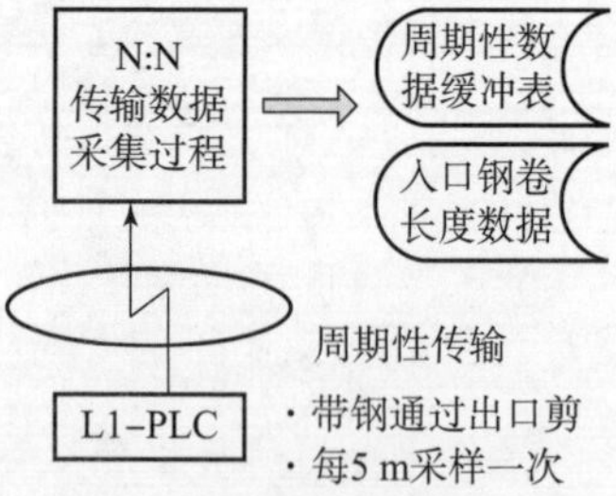

图 2－13　周期收集型数据采集示意图

组数据和钢卷数据传送给 L3 系统。

2. 停机数据项

在每班运行时，为了告知机组的停机数据，L2 系统将停机数据传送给 L3 系统。

班组数据的统计时间如表 2－2 所示。

表 2－2　统计时间

数据名称	统计时间	备注
钢卷数据	在完成实际称重时	用于报表
机组停机数据	在换班后 X min	用于报表和 L3 系统
班组数据	在换班后 X min	用于报表

机组的运行状态（机组是在运行还是停机）的定义是通过 L1 系统发送的“中部机组速度”进行判断的。如果“中部机组速度＝0”，为“停机”状态。“中部机组速度＞0”，为“运行”状态。停机时的数据采集是以机组状态的“运行/停止”为基础的。

在每班运行时，为了告知机组的停机数据，L2 系统将“班组信息”的报文传送给 L3 系统。操作人员能够在“当前班”的任意时间和“上一班”换班后 X min 内输入“停机原因代码”。如果操作人员没有输入停机原因代码，L2 系统将默认的原因代码传送给 L3 系统。

当发生机组停机时，发生停机数据。停机数据项如表 2－3 所示。

表 2－3　停机数据项

数据项	内　容
每一班中的停机次数	
停机原因代码	通过操作人员输入 OPS
停机开始的时间	
停机结束的时间	
停机经历的时间	
班组统计的停机时间	用于 OPS 显示

2.2.6　轧辊管理

轧辊数据管理由两部分组成，分别是换辊历史数据和换辊处理。

1. 换辊历史数据

当轧制完成一卷后，L2 系统跟踪进程把每一个当前轧辊信息（如辊的轧制重量、轧制长度）存储在数据库中。之后，从轧辊的使用历史表中摘录一些数据作为报告，轧辊历史数据如表 2 – 4 所示。

表 2 – 4　轧辊历史记录

序号	数据项	单位
1	轧辊号	
2	轧辊质量	t
3	换辊的时间和日期	– 年 – 月 – 日 – 时 – 分

2. 换辊处理

L2 系统对在线使用轧辊和下个准备好的轧辊进行管理。当接收到 L1 – PLC 来的“换辊信号”数据时，可以进行在线轧辊和下一个轧辊的交换。

在换辊过程中，L1 系统向 L2 系统发送新辊数据请求报文。L2 系统在轧辊历史表中保存最近试用过的轧辊的信息，把下一轧辊设置为当前辊，并把最新轧辊数据最终下载到 L1 系统。生产操作工在轧机 L2 – HMI 画面上准备好待换机架的轧辊数据并保存，然后操作工再通过 L1 – HMI 触发换辊数据请求报文，从 L1 系统基础自动化发送到 L2 系统跟踪进程。L2 系统跟踪进程把准备好的换辊数据发送到 L1 系统基础自动化，即可完成换辊过程，如图 2 – 14 所示。

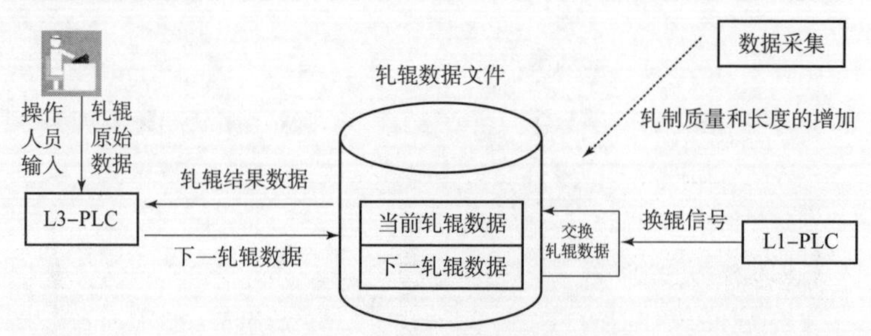

图 2 – 14　轧机换辊示意图

轧辊数据包括轧辊直径、轧辊凸度、轧辊材质、换辊原因、机架号、工作辊或支撑辊、上辊和下辊。轧辊数据由 PC（或 L3）通过以太网进行传输，并且轧辊的结果数据通过以太网发送给 PC（或 L3）。当前轧辊和下一轧辊的交换是通过 L1 – PLC“轧机交换信号”数据完成的。轧制质量的总和由数据采集过程对轧辊重量进行采集和累加获得。

2.3　过程自动化 HMI 及报表管理

2.3.1　轧机二级 HMI

过程自动化人机界面系统采用 VB 开发，该系统为生产操作工、电气维护工程师和工艺质量工程师提供了良好的人机交互界面。生产人员通过人机界面可以查看或手动干预设定值，实时观察或修改生产线轧制计划、钢卷跟踪情况；技术人员可以通过人机界面系统查看过程控制系统产生的错误信息，分析影响钢卷产品质量的原因，查看机组的停机、设备开动效率、机组生产报表、轧机换辊等信息。

过程控制系统 HMI 主界面如图 2 – 15 所示，用户可以通过主界面访问其他所有子功能画面。轧机主界面提供了当前卷和下一卷的钢卷信息，信息根据用户的选择可以切换，默认选择的钢卷是当前卷。

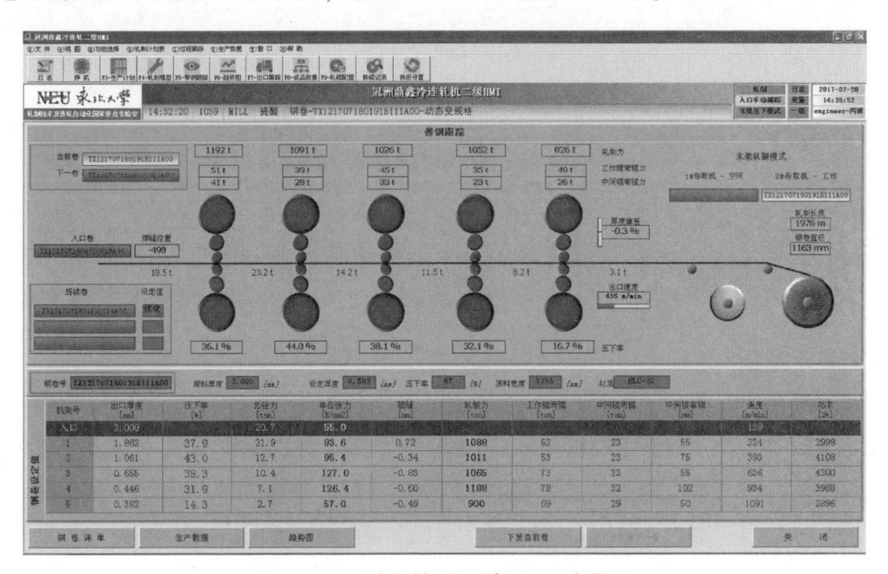

图 2 – 15　过程控制系统 HMI 主界面

生产计划管理界面如图 2－16 所示，通过生成计划管理子界面可以查看生产计划顺序并可以查询生产计划中任意钢卷的主数据信息，同时也可以创建、删除和调整生产计划顺序中的钢卷信息。

批次号	钢卷数
0168	4
0167	97
0166	98
0165	97
0164	97
0163	98
0162	97
0161	97
0160	98
0159	98
0158	97
0157	97
0156	98
0155	97
0154	97
0153	97
0152	97
0151	97
0150	97
0149	96
0148	96
0147	97
0146	97
0145	97
0144	97
0143	97
0142	97

序号	状态	原料编号	原料厂家	热轧材质	原料厚度 [mm]	原料宽度 [mm]	原料重量 [kg]	成品厚度 [mm]	成品宽度 [mm]	设定值 [mm]	订单号	客户名	位置	备注
97	完成	DX12170718003 1A003A00	太钢	SPHC	3.50	1255	21270	0.640	1250	0.635	6194	鑫利源	成品库	
96	完成	DX12170718004 1A004A00	太钢	SPHC	3.50	1255	21056	0.640	1250	0.635	6194	鑫利源	成品库	
95	完成	DX12170718005 1A056A00	太钢	SPHC	3.50	1255	21320	0.640	1250	0.635	6194	鑫利源	成品库	
94	完成	DX12170718006 1A057A00	太钢	SPHC	3.50	1255	21234	0.640	1250	0.635	6194	鑫利源	成品库	
93	完成	DX12170718002 1A002A00	太钢	SPHC	3.50	1255	21114	0.640	1250	0.635	6194	鑫利源	成品库	-圈麻坑去次100公,
92	完成	TX12170718011 1B103A00	邯钢	HLC-ZG	3.00	1255	22982	0.390	1250	0.382	17074933	联邦	成品库	
91	完成	TX12170718005 1B097A00	邯钢	HLC-ZG	3.00	1255	21724	0.390	1250	0.382	17074933	联邦	成品库	内6公分豁口去次1
90	完成	TX12170718002 1B094A00	邯钢	HLC-ZG	3.00	1255	23158	0.390	1250	0.382	17074933	联邦	成品库	
89	完成	TX12170718015 1B107A00	邯钢	HLC-ZG	3.00	1255	22860	0.390	1250	0.382	17074933	联邦	成品库	
88	完成	TX12170718012 1B104A00	邯钢	HLC-ZG	3.00	1255	22962	0.390	1250	0.382	17074933	联邦	成品库	
87	完成	TX12170718001 1B093A00	邯钢	HLC-ZG	3.00	1255	22594	0.390	1250	0.382	17074933	联邦	成品库	
86	完成	TX12170718034 1B126A00	邯钢	HLC-ZG	3.00	1255	23142	0.390	1250	0.382	17074933	联邦	成品库	内圈麻坑去次100
85	完成	TX12170718004 1B096A00	邯钢	HLC-ZG	3.00	1255	22896	0.390	1250	0.382	17074933	联邦	成品库	
84	完成	TX12170718003 1B095A00	邯钢	HLC-ZG	3.00	1255	22982	0.390	1250	0.382	17074933	联邦	成品库	
83	完成	TX12170718025 1B117A00	邯钢	HLC-ZG	3.00	1255	23106	0.390	1250	0.382	17074933	联邦	成品库	
82	完成	TX12170718027 1B119A00	邯钢	HLC-ZG	3.00	1255	22974	0.390	1250	0.382	17074933	联邦	成品库	
81	完成	TX12170718026 1B118A00	邯钢	HLC-ZG	3.00	1255	22744	0.390	1250	0.382	17074933	联邦	成品库	
80	完成	TX12170718037 1B129A00	邯钢	HLC-ZG	3.00	1255	22982	0.390	1250	0.382	17074933	联邦	成品库	
79	完成	TX12170718036 1B128A00	邯钢	HLC-ZG	3.00	1255	22809	0.390	1250	0.382	17074933	联邦	成品库	传侧内圈麻坑
78	完成	TX12170718035 1B127A00	邯钢	HLC-ZG	3.00	1255	22844	0.390	1250	0.382	17074933	联邦	成品库	
77	完成	TX12170718006 1B098A00	邯钢	HLC-ZG	3.00	1255	23122	0.390	1250	0.382	17074933	联邦	成品库	
76	完成	TX12170718039 1C002A00	邯钢	HLC-ZG	3.00	1255	23252	0.390	1250	0.382	17074933	联邦	成品库	
75	完成	TX12170718038 1C001A00	邯钢	HLC-ZG	3.00	1255	22646	0.390	1250	0.382	17074933	联邦	成品库	
74	完成	TX12170718022 1B114A00	邯钢	HLC-ZG	3.00	1255	22910	0.390	1250	0.382	17074933	联邦	成品库	
73	完成	TX12170718007 1B099A00	邯钢	HLC-ZG	3.00	1255	22710	0.390	1250	0.382	17074933	联邦	成品库	
72	完成	TX12170718008 1B100A00	邯钢	HLC-ZG	3.00	1255	22848	0.390	1250	0.382	17074933	联邦	成品库	

图 2－16　生产计划管理界面

预设定值管理界面如图 2－17 所示，该界面提供了轧机当前卷和即将进入轧机的钢卷的预设定值信息，通过此界面可以查看钢卷轧制所需的设定值数据（如轧制力、张力、弯辊力、辊缝等）。

位置	原料编号	钢种	入口厚度 [mm]	出口厚度 [mm]	压下率 [%]	成品宽度 [mm]	张力级别	轧制策略	单位轧制力 [ton/m]	计算模式	变规格
1	TX12170718040 1C013A00	CQ	3.00	0.382	87	1255	默认	压下模式		优化	
2	TX12170718041 1C014A00	CQ	3.00	0.382	87	1255	默认	压下模式		优化	
3											
4											
5											
6											
7											
8											
9											
10											
11											

机架号	出口厚度 [mm]	压下率 [%]	总张力 [ton]	单位张力 [N/mm2]	辊缝 [mm]	轧制力 [ton]	工作辊弯辊 [ton]	中间辊弯辊 [ton]	中间辊窜辊 [mm]	速度 [m/min]	功率 [kW]
入口	3.000		20.7	55.0						139	
1	1.862	37.9	21.9	93.6	0.72	1088	52	23	55	224	2998
2	1.061	43.0	12.7	95.4	-0.34	1011	53	28	75	393	4108
3	0.655	38.3	10.4	127.0	-0.83	1065	73	33	55	636	4200
4	0.446	31.9	7.1	126.4	-0.60	1188	78	32	102	934	3968
5	0.382	14.3	2.7	57.0	-0.48	900	69	29	50	1091	2896

图 2－17　预设定值管理界面

轧辊管理界面如图 2－18 所示，该界面提供了当前机架在线运行的轧辊信息和下一次将要上线的轧辊信息，菜单按钮可以用来创建新轧辊信息及查询之前的换辊记录。换辊历史记录查询界面如图 2－19 所示。

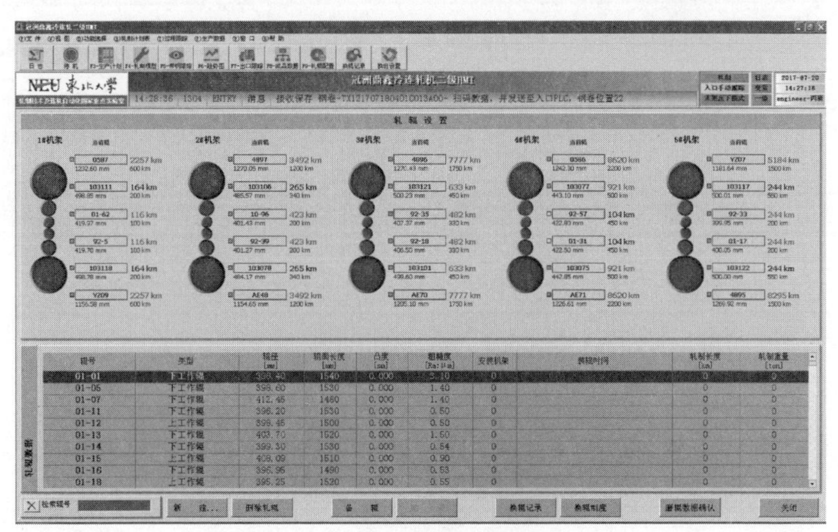

图 2－18　轧辊管理界面

换辊历史

装辊时间	卸辊时间	辊号	机架号	轧辊类型	辊径 [mm]	辊面长度 [mm]	粗糙度	里程 [m]	班别	换辊原因	备注
07-03 03:45:38	07-04 07:12:21	01-69	5	下工作辊	422.79	1490	1.50	168	丙班	转光辊	
07-03 03:45:38	07-04 07:12:21	01-75	5	上工作辊	422.28	1500	1.50	168	丙班	转光辊	
07-02 23:15:26	07-03 16:19:03	103108	3	上中间辊	481.08	1450	1.13	132	甲班	损伤	
07-02 23:13:26	07-03 16:19:03	103080	3	下中间辊	480.85	1425	1.16	138	甲班	正常换辊	
07-02 23:13:26	07-03 16:19:03	01-68	3	下工作辊	431.90	1475	1.00	138	甲班	正常换辊	
07-02 23:13:26	07-03 16:19:03	92-66	3	上工作辊	432.80	1480	1.00	138	甲班	损伤	
06-22 01:55:44	07-03 14:08:54	YZ04	2	上支撑辊	1193.77	1450	1.20	9147	甲班	到期	
06-18 03:43:35	07-03 14:08:54	7213	2	下支撑辊	1240.52	1450	1.00	10059	甲班	到期	
06-21 14:19:42	07-03 14:08:37	YZ01	1	下支撑辊	1169.92	1450	1.15	1619	甲班	到期	
06-21 14:19:42	07-03 14:08:27	AE42	1	上支撑辊	1170.88	1450	1.20	1619	甲班	到期	
06-21 14:12:02	07-03 14:01:45	0587	5	上支撑辊	1232.60	1450	1.00	6050	甲班	到期	
06-21 14:12:02	07-03 14:01:46	YZ09	5	下支撑辊	1156.58	1450	1.00	6050	甲班	到期	
07-03 03:23:55	07-03 03:45:18	10-122	5	上工作辊	412.45	1520	1.50		乙班	辊伤	
07-03 03:23:55	07-03 03:45:18	06-66	5	下工作辊	412.75	1475	1.50		乙班	辊伤	
07-02 23:11:19	07-03 03:23:55	01-72	5	下工作辊	419.40	1490	1.50	62	乙班	调整板形	
07-02 23:11:19	07-03 03:23:55	01-67	5	上工作辊	419.80	1500	1.40	62	乙班	调整板形	
07-02 01:13:49	07-02 23:14:18	92-6	1	上工作辊	414.40	1520	0.90	150	乙班	转规格	
07-02 01:13:49	07-02 23:14:18	92-35	1	下工作辊	414.60	1500	1.00	150	乙班	转规格	
07-02 12:07:53	07-02 23:14:04	01-76	2	上工作辊	414.09	1510	1.00	117	乙班	转规格	
07-02 12:07:53	07-02 23:14:04	01-50	2	下工作辊	414.20	1510	1.00	117	乙班	转规格	

图 2－19　换辊历史记录查询界面

成品数据管理界面如图 2－20 所示，通过该界面可以查看钢卷的具体生产数据，同时也可以查看之前所有日期生产的钢卷数据信息。

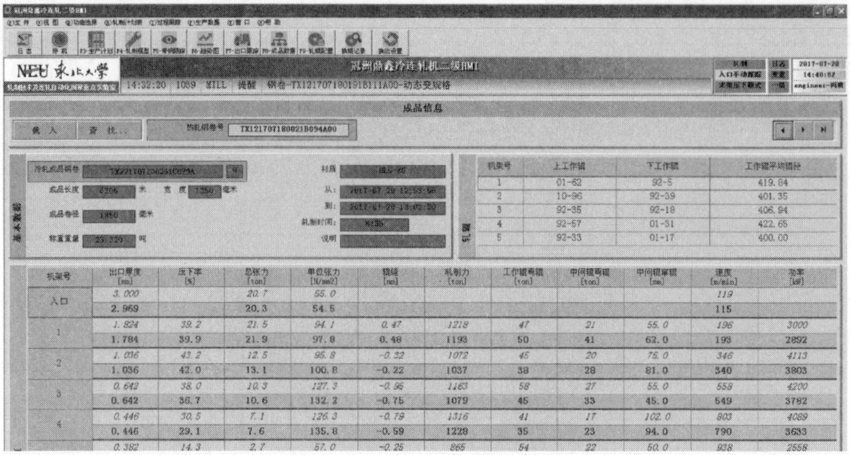

机架号	上工作辊	下工作辊	工作辊平均辊径
1	01-62	92-5	419.84
2	10-96	92-39	401.35
3	92-35	92-18	406.94
4	92-57	01-31	422.65
5	92-33	01-17	400.00

机架号	出口厚度 [mm]	压下率 [%]	总张力 [ton]	单位张力 [N/mm2]	辊缝 [mm]	轧制力 [ton]	工作辊弯辊 [ton]	中间辊弯辊 [ton]	中间辊窜辊 [mm]	速度 [m/min]	功率 [kW]
入口	3.000		20.7	55.0						119	
	2.969		20.3	54.5						115	
1	1.824	39.2	21.5	94.1	0.47	1218	47	21	55.0	196	3000
	1.784	39.9	21.9	97.8	0.48	1193	50	41	62.0	193	2892
2	1.036	43.2	12.5	95.8	-0.32	1072	45	20	75.0	346	4113
	1.036	42.0	13.1	100.8	-0.22	1037	38	28	81.0	340	3803
3	0.642	38.0	10.3	127.3	-0.96	1163	58	27	55.0	558	4200
	0.642	36.7	10.6	132.2	-0.75	1079	45	33	45.0	549	3782
4	0.446	30.5	7.1	126.3	-0.79	1316	41	17	102.0	803	4089
	0.446	29.1	7.6	135.8	-0.59	1228	35	23	94.0	790	3633
	0.382	14.3	2.7	57.0	-0.25	865	54	22	50.0	938	2558

图 2－20　成品数据管理界面

日志管理界面如图 2－21 所示，通过该界面可以查询机组运行出现的问题或者查看正常的生产信息。

停机管理界面如图 2－22 所示，该界面显示机组所有的停机时间及停机原因。通过该界面可以查看之前所有时间的停机记录，用户可以修改一个正在进行的停机时间的停机原因，同时也可以把一段停机时间分成若干段来分别编辑。

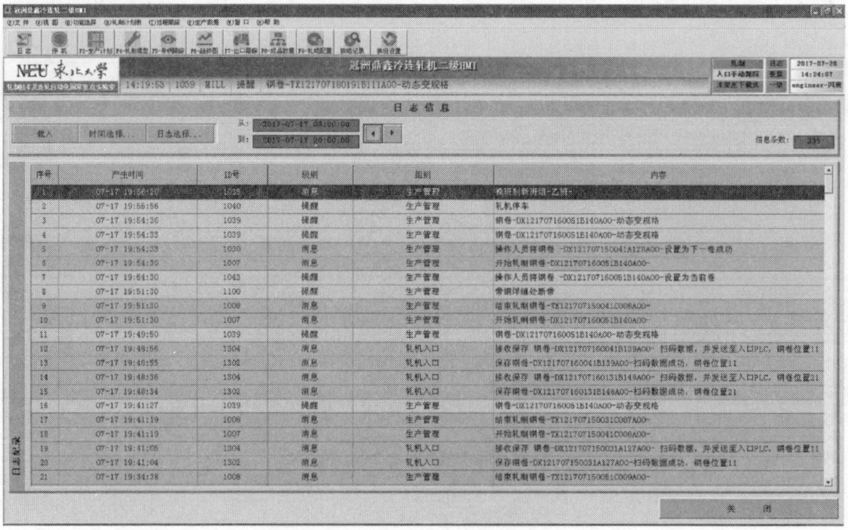

序号	产生时间	ID号	级别	组别	内容
1	07-17 19:56:20	1035	消息	生产管理	换班制新班组-乙班-
2	07-17 19:56:56	1040	提醒	生产管理	轧机停车
3	07-17 19:54:36	1039	提醒	生产管理	钢卷-DX121707160051B140A00-动态变规格
4	07-17 19:54:33	1039	提醒	生产管理	钢卷-DX121707160051B140A00-动态变规格
5	07-17 19:54:33	1030	消息	生产管理	操作人员将钢卷 -DX121707150041A128A00-设置为下一卷成功
6	07-17 19:54:30	1007	消息	生产管理	开始轧制钢卷-DX121707160051B140A00-
7	07-17 19:54:30	1043	提醒	生产管理	操作人员将钢卷 -DX121707160051B140A00-设置为当前卷
8	07-17 19:51:30	1100	提醒	生产管理	带钢焊缝处断带
9	07-17 19:51:30	1008	消息	生产管理	结束轧制钢卷-TX121707150041C006A00-
10	07-17 19:51:30	1007	消息	生产管理	开始轧制钢卷-DX121707160051B140A00-
11	07-17 19:49:50	1039	提醒	生产管理	钢卷-DX121707160051B140A00-动态变规格
12	07-17 19:48:56	1304	消息	轧机入口	接收保存 钢卷-DX121707160041B139A00- 扫码数据，并发送至入口PLC，钢卷位置11
13	07-17 19:48:55	1302	消息	轧机入口	保存钢卷-DX121707160041B139A00-扫码数据成功，钢卷位置11
14	07-17 19:48:36	1304	消息	轧机入口	接收保存 钢卷-DX121707160131B148A00- 扫码数据，并发送至入口PLC，钢卷位置21
15	07-17 19:48:34	1302	消息	轧机入口	保存钢卷-DX121707160131B148A00-扫码数据成功，钢卷位置21
16	07-17 19:41:27	1039	提醒	生产管理	钢卷-DX121707160051B140A00-动态变规格
17	07-17 19:41:19	1008	消息	生产管理	结束轧制钢卷-TX121707150031C007A00-
18	07-17 19:41:19	1007	消息	生产管理	开始轧制钢卷-TX121707150041C006A00-
19	07-17 19:41:05	1304	消息	轧机入口	接收保存 钢卷-DX121707150031A127A00- 扫码数据，并发送至入口PLC，钢卷位置11
20	07-17 19:41:04	1302	消息	轧机入口	保存钢卷-DX121707150031A127A00-扫码数据成功，钢卷位置11
21	07-17 19:34:38	1008	消息	生产管理	结束轧制钢卷-TX121707150051C009A00-

图 2－21　日志管理界面

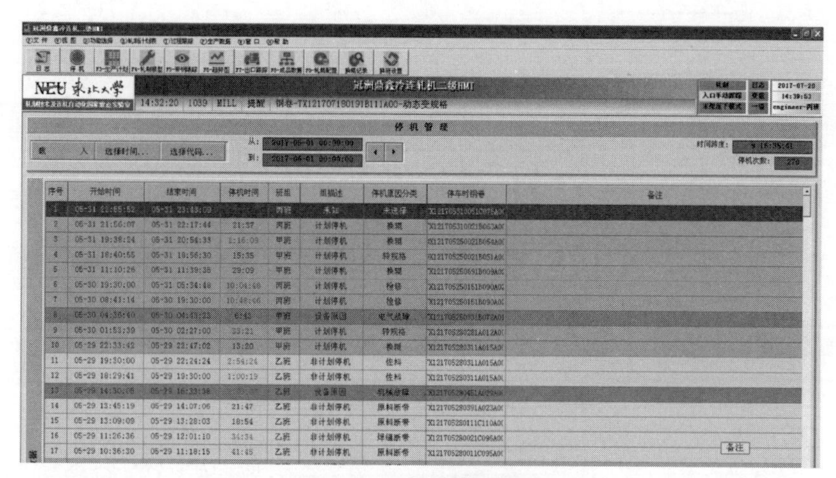

图2-22 停机管理界面

2.3.2 报表管理

报表分为操作报表和维修报表两类，其中操作报表根据事先提供的时间打印出结果采集、操作控制和跟踪等数据。

原始数据报表、成品钢卷数据报表、质量报表、工程数据报表管理的示意图如图2-23所示。

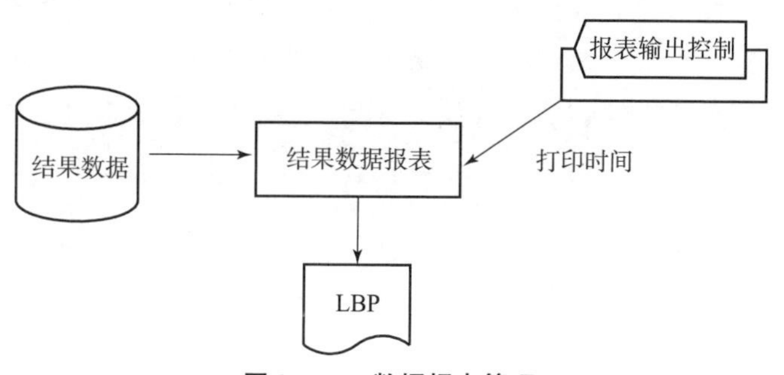

图2-23 数据报表管理

班报的打印主要包括班次的能源介质消耗量、产量总计、机组停机数据。日报打印的是上一天的能耗和日报数据。月报打印的是上一个月的能耗和月报数据，示意图如图2-24所示。

换辊报表打印的是一个轧辊的数据，示意图如图2-25所示。

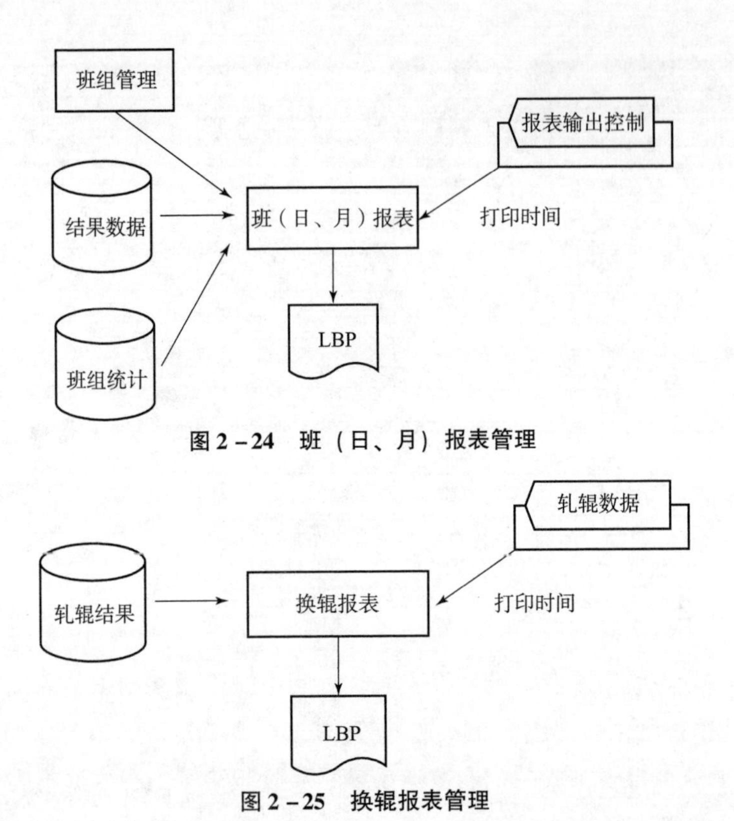

图2-24　班（日、月）报表管理

图2-25　换辊报表管理

维修报表不提供给机组操作人员，只提供给L2系统的维护人员。此报表可打印出操作的信息（如换班、换辊、PDI接收数据等），跟踪事件（如钢卷的移动、开卷机的装载、焊接完成等），报警事件即在L2系统检测到软件错误时打印报警信息（如跟踪错误、文件读取错误等），示意图如图2-26所示。

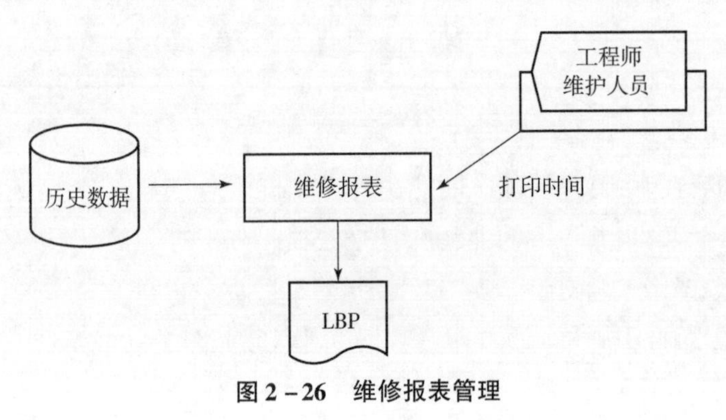

图2-26　维修报表管理

本章小结

（1）分析了冷连轧计算机控制系统的组成结构，分别介绍了基础自动化级、过程自动化级和生产管理级的功能。其中，基础自动化级面向机组设备，实现顺序控制、质量控制等功能；过程自动化级面向整个生产线，其功能主要为向基础自动化级提供合理的设定参数及进行数学模型的优化等；生产管理级主要负责生产计划的编排、生产数据的管理等任务。

（2）详述了过程控制系统的功能及结构，开发了与生产管理系统数据双向传输的功能，通过应答超时与重发机制保证了数据发送与接收的稳定性与流畅性；针对生产线实际情况，对过程控制系统部分功能进行了分析及设计，包括带钢跟踪管理、数据采集管理、班组管理、轧辊管理等。

（3）开发了过程自动化级人机界面系统，该系统可实现带钢跟踪、生产计划管理、设定值管理、轧辊设置、换辊记录管理、成品信息管理、日志管理、停机管理等功能；开发了报表管理功能，该功能包括操作报表管理和维修报表管理两类，实现了钢卷数据报表、班（日、月）报表、换辊报表和维修报表的统一管理。

第3章　冷连轧在线数学模型及模型自适应研究

冷连轧在线数学模型是轧制规程制定、轧机参数设定及负荷分配计算的前提，它根据轧件和设备参数等计算过程自动化系统所需的设定值及轧制参数[73-76]。因此，对冷连轧在线数学模型进行深入研究，建立高精度并能够满足生产高附加值产品要求的模型具有重要的现实意义。

由于数学模型在建模过程中做出各种假设，同时又采用统计方法而使模型带有平均性质，使其先天存在不精确性。除此之外，检测仪表的测量误差和轧制进行中过程状态的变化也会导致模型预报的误差。因此需要充分利用实测数据来在线、实时地修正数学模型中的系数，以此提高模型的计算精度[77-82]。

本章提出了一种基于目标函数的轧制力和前滑模型协同自适应方法，并将变形抗力和摩擦系数模型中的自适应系数作为优化变量。采用多种群协同进化算法求解目标函数，显著提高了轧制力和前滑模型的设定精度；同时，建立了基于硬度辨识的冷连轧带钢厚度控制模型，并改进自动厚度控制策略，大大提高了成品带钢的厚度精度和板形精度。

3.1　过程控制数学模型

冷连轧机组设定计算主要用到的数学模型及其公式变量如表3-1所示。数学模型相互调用关系如图3-1所示。

表 3-1　数学模型及公式变量一览表

数学模型	公式变量
轧制力	变形抗力、摩擦系数、厚度、带钢宽度、单位张力、轧辊压扁半径
前滑	轧辊压扁半径、厚度、变形抗力、摩擦系数、单位张力
变形抗力	厚度（总压下率）
摩擦系数	轧辊轧制长度、带钢速度
轧制力矩	变形抗力、摩擦系数、厚度、带钢宽度、单位张力、工作辊半径、轧辊压扁半径、轧辊速度
电机功率	轧制力矩、轧辊速度、工作辊半径
轧辊压扁半径	工作辊半径、轧制力、带钢宽度、厚度、变形抗力、单位张力
轧机模数	带钢宽度、工作辊半径、支撑辊半径
厚度计	带钢宽度、轧制力

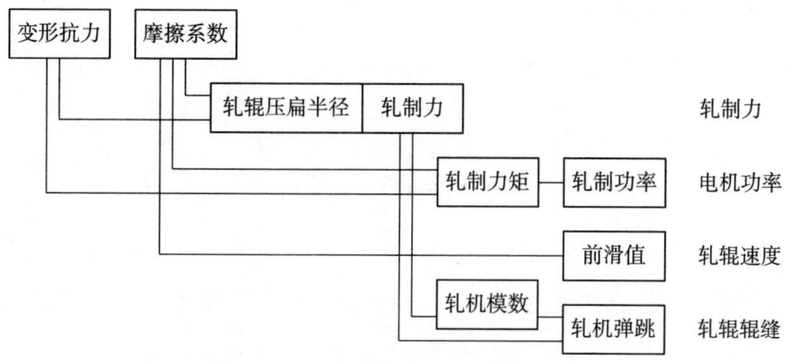

图 3-1　数学模型相互调用关系图

3.1.1　轧制力矩模型

轧制力矩模型为

$$G=[(k_m-\xi)WR(h_{\text{in}}-h_{\text{out}})Q_G+t_{\text{in}}WRh_{\text{in}}-t_{\text{out}}WRh_{out}]/1\ 000+\Delta G_L \tag{3.1}$$

其中

$$\xi=\alpha\cdot t_{\text{in}}+\beta\cdot t_{\text{out}} \tag{3.2}$$

$$Q_G=1.05-0.85\cdot r+(0.07+1.32\cdot r)\sqrt{1-r}\mu\sqrt{R'/h_{\text{out}}} \tag{3.3}$$

$$\Delta G_L = a_G v_R + b_G \tag{3.4}$$

式中：G 为轧制力矩（N·m）；R 为轧辊半径（mm）；Q_G 为轧制力矩外摩擦影响系数；ΔG_L 为机械损失补偿项（N·m）；α 和 β 分别为入口张力影响系数和出口张力影响系数；v_R 为轧辊速度（m/min）；a_G 和 b_G 为机械损失系数。

3.1.2 电机功率模型

电机功率模型为

$$P = C_P \frac{1}{\eta} \frac{v_R G}{R} \times \frac{1}{60} \tag{3.5}$$

式中：P 为电机功率（kW）；C_P 为功率自适应学习系数；η 为电机效率。

3.1.3 轧机弹性模数模型

轧机弹性模数模型为

$$M = M_0 + a_M(W - W_0) + b_M(D_{\mathrm{WR}} - D_{\mathrm{WR0}}) + c_M(D_{\mathrm{IR}} - D_{\mathrm{IR0}}) + d_M(D_{\mathrm{BUR}} - D_{\mathrm{BUR0}}) \tag{3.6}$$

$$M_0 = \frac{F_{j+1} - F_j}{S_{ej+1} - S_{ej}} \tag{3.7}$$

式中：M 为轧机刚度系数（kN/mm）；D_{WR}为工作辊直径（mm）；D_{IR}为中间辊直径（mm）；D_{BUR}为支撑辊直径（mm）；S_e 为轧机弹跳（mm）；$a_M \sim d_M$ 为模型系数；S_{ej}和 F_j 为轧机标准曲线点；M_0 为轧机刚度基准值（kN/mm）。

轧机刚度曲线如图 3-2 所示。通过轧机标准曲线可以得到轧机刚度基准值 M_0，标准曲线数据在轧机标定过程中采集。

3.1.4 厚度计模型

轧机弹跳计算模型为

$$S_e = S_{e0} + g_e(W - W_0) \tag{3.8}$$

由轧机刚度标准曲线得到的轧机弹跳基准值为

$$S_{e0} = \frac{S_{ej+1} - S_{ej}}{F_{j+1} - F_j}(F - F_j) + S_{ej} \tag{3.9}$$

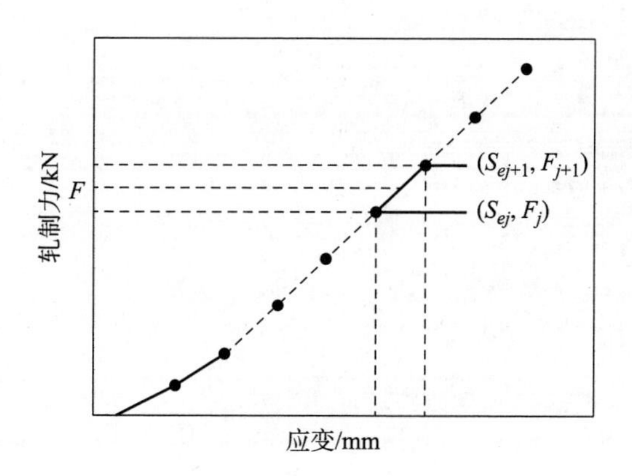

图 3－2　轧机刚度曲线

零点辊缝对应的等效轧机弹跳为

$$S_{eZ} = \frac{S_{ek+1} - S_{ek}}{F_{k+1} - F_k}(F_Z - F_k) + S_{ek} \tag{3.10}$$

式中：g_e 为模型系数；F_Z 为空载零位轧制力（kN）；S_{eZ} 为空载零位辊缝（mm）。

3.1.5　辊缝模型

辊缝模型为

$$S = h_{\text{out}} - S_e + C_S \tag{3.11}$$

式中：C_S 为辊缝自适应学习系数。

轧机受力与变形关系如图 3－3 所示。

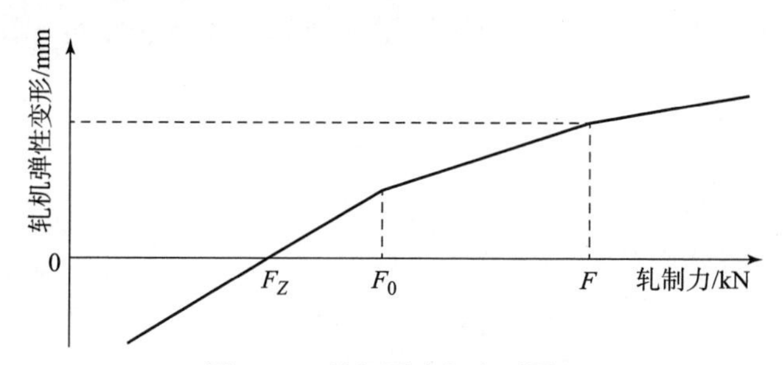

图 3－3　轧机受力与变形图示

从图 3－3 中可以得到以下计算模型。

当 $F<F_0$ 时，有

$$S_e=\frac{1}{e}\ln\left[\frac{M_0+e(F-F_0)}{M_0+e(F_Z-F_0)}\right] \tag{3.12}$$

当 $F=F_0$ 时，有

$$S_e=\frac{F-F_Z}{M_0} \tag{3.13}$$

当 $F>F_0$ 时，有

$$S_e=\frac{1}{f}\ln\left[\frac{M_0+f(F-F_0)}{M_0}\right]+\frac{1}{e}\ln\left[\frac{M_0}{M_0+e(F_Z-F_0)}\right] \tag{3.14}$$

式中：F_0 为边界轧制力（kN）；e 和 f 为模型常量。

当 $F>F_0$ 时，若 $f=0$，则 $S_e=\frac{F-F_0}{M_0}$；若 $e=0$，则 $S_e=\frac{F_0-F_Z}{M_0}$。

3.2　轧制力和前滑模型协同自适应

3.2.1　模型自适应概述

冷连轧数学模型是一组描述生产工艺操作与控制规律的方程，是控制理论、轧制理论与实践经验相结合的产物，但这些模型也是在一定假定条件下推导出来的，与生产实际存在着一定的出入。同时，冷连轧轧制一卷带钢的时间长达十几分钟，在此过程中，环境、材料、人为等因素对工艺参数的影响是随时间变化的，因此模型的精度也是有限的[83,84]。

基于以上原因，为了提高数学模型的设定精度，必须运用生产过程中的实际测量数据对模型进行修正，即模型自适应。模型自适应的任务是采集轧制过程中的实测数据并进行必要的数据处理，根据实测值与理论计算值的偏差，不断地修正模型，使其逼近当前的实际情况，从而提高模型设定精度，使产品质量达到预期要求。模型自适应一般的方法是在模型中加入自适应系数，通过对自适应系数的修正来提高模型在当时环境下的精度[85-89]。模型自适应的原理如图 3-4 所示。

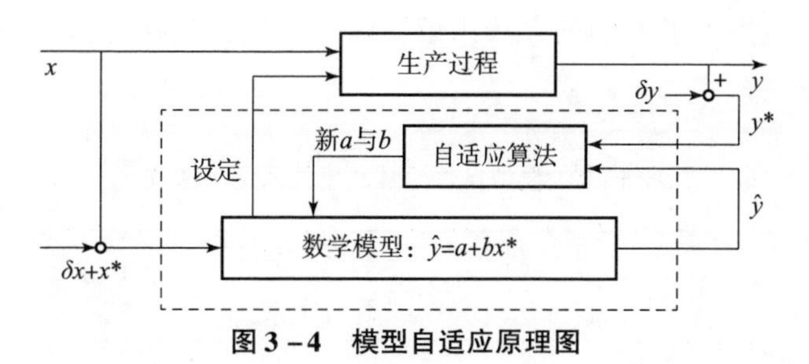

图 3－4　模型自适应原理图

注：x、y 为输入与输出的真值；δx、δy 为测量误差；x^*、y^* 为实测值；$\hat{y}$ 为预报值。

用于模型自适应的实测数据由带钢头部实测数据和稳态轧制实测数据组成，这些数据经由基础自动化级采集并传送至过程自动化级。

当设定点通过冷连轧机后，将获得低速条件下的头部实测数据；之后，轧制生产线加速到最大速度，当在高速下稳定轧制一段时间后，将获得轧制带钢中间长度时的稳态实测数据，如图 3－5 所示。

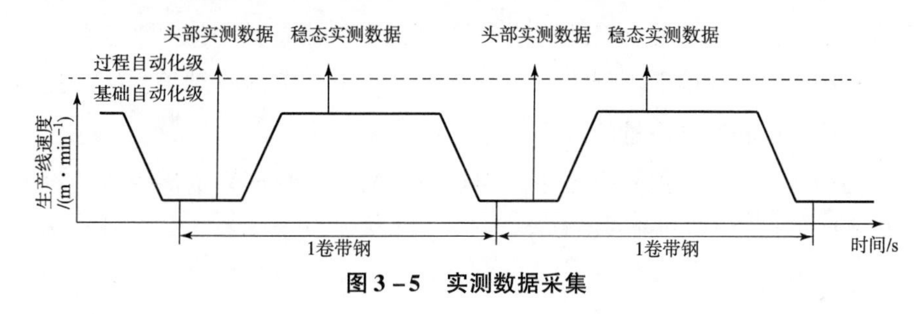

图 3－5　实测数据采集

每当生产线停止加速后，稳态实测数据将被获得和计算，但存储到文件中并被用于执行模型自适应计算的实测数据是一卷带钢轧制过程中最大速度条件下的实测值。

由基础自动化级采集到的实测数据被传送至过程自动化级，然后进行实测数据的计算，计算结果将用来进行数学模型自适应，因此模型自适应的触发事件是实测数据计算完成。表 3－2 所示为各模型自适应的触发事件及其学习模式。

其中，轧制力作为轧制过程控制的基础，是最重要的工艺和设备参数，其计算精度将直接影响到板形精度及板厚精度；前滑模型是轧辊圆周速度设定的基础，同时又制约着速度－张力调节系统的控制精度[90,91]。因此，准确地设定轧制力和前滑是获得更好的冷连轧生产线自动控制的关键问题。

许多研究人员提出了不同的方法来解决这一问题，这些方法可以被分为直接法和间接法[92-95]。

表 3-2　模型自适应触发事件及学习模式

种类	触发事件	轧制力	前滑	变形抗力	摩擦系数	功率	辊缝	板形	楔形
低速自适应	低速实测数据计算完成	Y	Y	Y	Y	N	Y	Y	Y
高速自适应	高速实测数据计算完成	Y	Y	Y	Y	Y	Y	N	N

直接法即对模型本身进行修正来提高其计算精度，即模型的自适应[96,97]。根据自适应系数在模型中位置的不同，分为加法自适应、乘法自适应、指数自适应和混合自适应[98]。李书昌等采用指数平滑算法，对轧制力、转矩、辊缝和前滑进行自适应计算，修正了设定计算结果，达到提高模型计算精度和产品质量的目的[99]。

间接法是指通过提高模型主要影响因素的计算精度来提高模型的设定精度[100]。在轧制力和前滑模型中，变形抗力和摩擦系数是影响其精度的主要因素，但这些因素无法通过在线仪表直接检测出来。张进之等通过评价润滑油效果和研究前滑数学模型的实测数据，估计出变形抗力和摩擦系数，但到目前为止没有应用于生产实际[101]。王军生等通过后计算求解变形抗力和摩擦系数，并将其认为是实际值用于模型的自适应，但是由于变形抗力和摩擦系数之间相互耦合，无法同时获得两者的后计算值[102]。因此，又提出利用轧制力实测值和前滑实际值联立求解摩擦系数和变形抗力后计算值的解耦方法[103,104]，但是计算过程十分复杂。

魏立新等利用自适应遗传算法获得满足实际轧制力精度的变形抗力和摩擦系数，进而计算出变形抗力和摩擦系数的自适应系数[105]。但是，遗传算法的局部寻优能力较差，一般无法得到问题的全局最优解。本章成功地提出了一种基于协同演化算法的提高轧制力模型和前滑模型计算精度的新方法，并通过与冷连轧生产线上其他方法的在线测量结果进行比较，讨论了该方法计算结果的有效性。

3.2.2　轧制力模型

冷连轧带钢轧制过程中，带钢除了发生塑性变形以外，还将发生弹性变形，因此将冷连轧带钢的变形区分为塑性变形区和弹性变形区两部分，如图3-6所示。弹性变形区位于轧制变形区的入口和出口侧，此区域内带钢只发生弹性变形。其中，入口侧为弹性压缩区，出口侧为弹性恢复区，而在塑性变形区中，带钢将产生永久性的塑性变形。

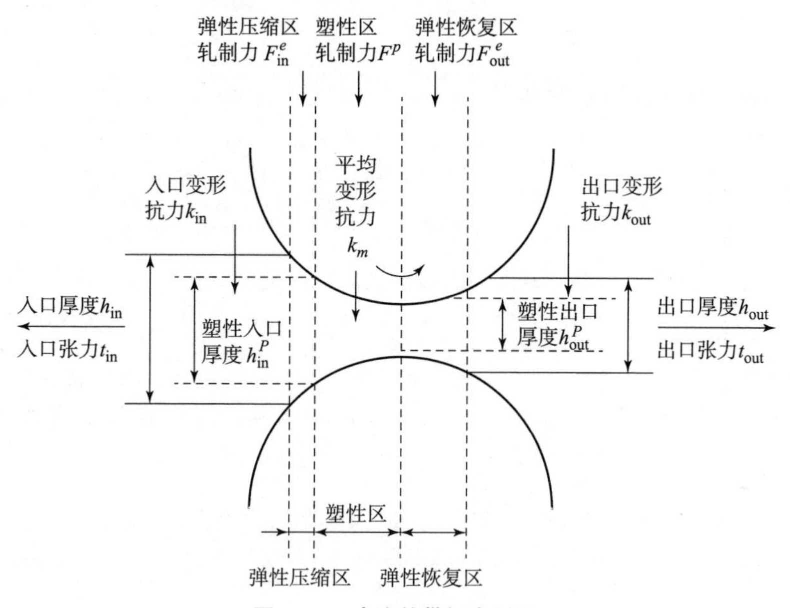

图3-6　冷连轧带钢变形区

轧件所受轧制力为3个区域轧制力之和，即

$$F = F_{in}^e + F^p + F_{out}^e \tag{3.15}$$

式中：F^p 为塑性区轧制力，其计算公式为

$$F^p = Q_F(k_m - \xi)W\sqrt{R'(h_{in} - h_{out})}/1\ 000 \tag{3.16}$$

其中

$$\xi = (1 - \chi)t_{in} + \chi t_{out} \tag{3.17}$$

$$Q_F = 1.08 - 1.02r + 1.79r\mu\sqrt{1 - r}\sqrt{R'/h_{out}} \tag{3.18}$$

F^e 为弹性区轧制力，其计算式为

$$\begin{aligned} F^e &= F_{\text{in}}^e + F_{\text{out}}^e \\ &= \frac{2}{3}\sqrt{\frac{1-v^2}{E}k_m\frac{h_{\text{out}}}{h_{\text{in}}-h_{\text{out}}}}(k_m-\xi)W\sqrt{R'(h_{\text{in}}-h_{\text{out}})} \end{aligned} \tag{3.19}$$

式中：F 为轧制力（kN）；k_m 为平均变形抗力（MPa）；W 为带钢宽度（mm）；R'为轧辊压扁半径（mm）；h_{in}和 h_{out}分别为带钢入口厚度和出口厚度（mm）；F_{in}^e为弹性压缩区轧制力（kN）；F_{out}^e为弹性恢复区轧制力（kN）；χ 为张力影响系数；t_{in}和 t_{out}分别为入口单位张力和出口单位张力（MPa）；r 为压下率；μ 为摩擦系数。

轧辊压扁半径计算模型为

$$R' = R\left[1+\frac{16(1-v^2)}{\pi E}\frac{F\times 1\ 000}{W\cdot\Delta h_{eq}}\right] \tag{3.20}$$

其中

$$\Delta h_{eq} = \left(\sqrt{\Delta h_{\text{out}}^e}+\sqrt{\Delta h^p}+\sqrt{\Delta h_{\text{in}}^e}\right)^2 \tag{3.21}$$

$$\sqrt{\Delta h_{\text{out}}^e} = \sqrt{\frac{1-v^2}{E}h_{\text{out}}(k_{\text{out}}-t_{\text{out}})} \tag{3.22}$$

$$\sqrt{\Delta h^p}+\sqrt{\Delta h_{\text{in}}^e} = \sqrt{h_{\text{in}}-h_{\text{out}}+\frac{1-v^2}{E}h_{\text{out}}(k_{\text{out}}-t_{\text{out}})} \tag{3.23}$$

式中：R 为轧辊初始半径（mm）；Δh_{eq}为等效压下量（mm）；Δh^p 为塑性区压下量（mm）；Δh_{in}^e为弹性压缩区压下量（mm）；Δh_{out}^e为弹性恢复区压下量（mm）；v 为泊松比，$v=0.3$；E 为工作辊弹性模量，$E=21\ 700\times 9.806\ 65$ MPa；k_{out}为出口变形抗力（MPa）。

3.2.3 前滑模型

在轧制过程中，轧件出口速度 v_h 大于轧辊在该处的线速度 v 的现象被称为前滑现象。根据前滑的定义，前滑实际值可以表示为

$$S = \frac{v_h - v}{v}\times 100\% \tag{3.24}$$

前滑模型采用 Fink 公式，即

$$S=\left(\frac{2R'}{h_{\text{out}}}\cos\phi_n-1\right)(1-\cos\phi_n)\times 100 \tag{3.25}$$

其中

$$\phi_n=\sqrt{\frac{h_{\text{out}}^p}{R'}}\tan\left\{\frac{\arctan^{-1}}{2}\left[\sqrt{\frac{R'}{h_{\text{out}}^p}}\arccos^{-1}\left(1-\frac{h_{\text{in}}^p-h_{\text{out}}^p}{2R'}\right)\right]-1\Bigg/\left(4\mu\sqrt{\frac{R'}{h_{\text{out}}^p}}\right)\cdot\ln\left(\frac{h_{\text{in}}^p}{h_{\text{out}}^p}\frac{1-t_{\text{out}}/k_{\text{out}}}{1-t_{\text{in}}/k_{\text{in}}}\right)\right\} \tag{3.26}$$

$$h_{\text{in}}^p=h_{\text{in}}-\frac{1-v^2}{E}h_{\text{in}}(k_{\text{in}}-t_{\text{in}}) \tag{3.27}$$

$$h_{\text{out}}^p=h_{\text{out}}-\frac{1-v^2}{E}h_{\text{out}}(k_{\text{out}}-t_{\text{out}}) \tag{3.28}$$

式中：S 为前滑率（%）；ϕ_n 为中性角（rad）；h_{in}^p 和 h_{out}^p 分别为塑性区入口厚度和出口厚度（mm）；k_{in} 和 k_{out} 分别为入口变形抗力和出口变形抗力（MPa）。

3.2.4　目标函数设计

目标函数的设计包括轧制力目标函数、前滑目标函数及总目标函数。

3.2.4.1　轧制力目标函数

为了提高轧制力模型的计算精度，建立轧制力目标函数，其目的是使轧制力计算值 F^{cal} 与实际值 F^{mea} 相吻合，即

$$\min C_F(x)=\left[\frac{F^{\text{cal}}(x)-F^{\text{mea}}}{F^{\text{mea}}}\right]^2 \tag{3.29}$$

对于一个五机架冷连轧机，其轧制力目标函数为包含 5 个目标函数的多目标函数，采用线性加权法将多目标函数转化为单目标函数，即

$$\min C_F(x)=\frac{\sum_{i=1}^{5}\lambda_{F_i}C_{F_i}(x)}{\sum_{i=1}^{5}\lambda_{F_i}}=\frac{\sum_{i=1}^{5}\lambda_{F_i}\left[\frac{F_i^{\text{cal}}(x)-F_i^{\text{mea}}}{F_i^{\text{mea}}}\right]^2}{\sum_{i=1}^{5}\lambda_{F_i}} \tag{3.30}$$

式中：$C_F(x)$ 为轧制力目标函数；i 为机架号；λ_{F_i} 为第 i 机架权重系数；F_i^{cal} 为第 i 机架轧制力计算值；F_i^{mea} 为第 i 机架轧制力实际值。

3.2.4.2　前滑目标函数

同样，前滑目标函数的目的是使前滑计算值 S^{cal} 尽可能地接近前滑实际

值 S^{mea}，即

$$\min C_S(x) = \left[\frac{S^{cal}(x) - S^{mea}}{S^{mea}}\right]^2 \tag{3.31}$$

五机架冷连轧机的前滑目标函数为

$$\min C_S(x) = \frac{\sum_{i=1}^{5} \lambda_{S_i} C_{S_i}(x)}{\sum_{i=1}^{5} \lambda_{S_i}} = \frac{\sum_{i=1}^{5} \lambda_{S_i} \left[\frac{S_i^{cal}(x) - S_i^{mea}}{S_i^{mea}}\right]^2}{\sum_{i=1}^{5} \lambda_{S_i}} \tag{3.32}$$

式中：$C_S(x)$ 为前滑目标函数；λ_{S_i} 为第 i 机架权重系数；S_i^{cal} 为第 i 机架前滑计算值；S_i^{mea} 为第 i 机架前滑实际值。

3.2.4.3 总目标函数

建立轧制力和前滑协同优化目标函数，即

$$\min C(x) = \frac{\lambda_F^* \min C_F(x) + \lambda_S^* \min C_S(x)}{\lambda_F^* + \lambda_S^*} \tag{3.33}$$

式中：λ_F^* 为轧制力目标函数权重系数；λ_S^* 为前滑目标函数权重系数。

该目标函数避免了求解变形抗力和摩擦系数后计算值过程中轧制力和前滑的复杂解耦计算，同时权重系数的引入使该模型更灵活地适用于不同工况下不同规格带钢的设定计算[106,107]。

3.2.4.4 优化变量选择

在轧制力模型和前滑模型中，两个重要的影响因素为变形抗力和摩擦系数。

变形抗力基本计算模型的表达式为[108]

$$k = \frac{2}{\sqrt{3}} C_m k_0 \left(\frac{2}{\sqrt{3}} \ln \frac{h_0}{h} + \varepsilon_0\right)^{C_n \times n} \tag{3.34}$$

式中：k_0 为考虑材料特性的变形抗力参考常量；h_0 为原料厚度；h 为目标厚度；ε_0，n 为模型参数；C_m，C_n 为自适应学习系数。

在变形抗力基本计算模型中，如用带钢入口厚度 h_{in}、带钢出口厚度 h_{out} 及平均厚度 h_m 分别替换目标厚度 h，则可对应得到入口变形抗力 k_{in}、出口

变形抗力 k_{out}及平均变形抗力 k_m。其中，入口变形抗力和出口变形抗力用于前滑值的计算，平均变形抗力用于轧制力的计算。

摩擦系数模型考虑到轧制长度、轧制速度和轧制润滑对摩擦系数的影响，可表示为

$$\begin{aligned}\mu &= C_p(\mu_0 + \mu_L\mu_v\mu_t) \\ &= C_p\{\mu_0 + a_L e^{b_L L} \times [a_v + b_v e^{C_q c_v(v-v_0)}] \times (a_t + b_t e^{c_t dt/100})\}\end{aligned} \tag{3.35}$$

式中：μ_0 为摩擦系数基本常量；μ_L 为轧制长度影响项；μ_v 为轧制速度影响项；μ_t 为轧制润滑影响项；L 为工作辊轧制带钢长度；a_L，b_L 为轧制长度影响项常量；v 为工作辊轧制速度；v_0 为轧制速度参考常量；a_v，b_v，c_v 为轧制速度影响项常量；d 为乳化液浓度；t 为乳化液流量；a_t，b_t，c_t 为轧制润滑影响项常量；C_p，C_q 为自适应学习系数。

本章中将变形抗力和摩擦系数模型中的自适应系数作为目标函数的寻优参数，针对特定的钢种，将变形抗力自适应系数设置为常数，而摩擦系数自适应系数则针对5个机架选取不同的值。优化变量设计为

$$\boldsymbol{x} = [C_m, C_n, C_{p1}, C_{p2}, C_{p3}, C_{p4}, C_{p5}, C_{q1}, C_{q2}, C_{q3}, C_{q4}, C_{q5}]^T \tag{3.36}$$

3.2.5 多种群协同进化算法

3.2.5.1 协同进化算法

进化算法是模拟自然界遗传进化规律的仿生学算法，主要分支包括遗传算法、遗传规划、进化策略和进化规划等。其中，遗传算法作为一种经典的进化算法，由于其优化时不依赖于梯度，具有很强的鲁棒性和全局搜索能力等优点，可以处理传统搜索方法解决不了的复杂和非线性问题，因此被广泛应用于工业生产和科学研究等领域[110,111]。尽管遗传算法具有许多优点，但当其面对实际领域中多种多样的复杂优化问题时，依然存在着局部搜索能力较弱和易出现早熟收敛的问题。

近年来，针对进化算法的不足，协同进化算法逐渐兴起并成为计算智能研究的一个热点。根据协同对象的不同，协同进化算法可分为以种群协同为代表的七类，如图3-7所示。

3.2.5.2 改进的多种群遗传算法

早熟收敛是遗传算法中不可忽视的现象，主要表现在群体中所有个体都趋于同一性状而停止进化，最终不能得到满意的解。早熟收敛问题与选择操作、交叉变异算子、种群规模、终止条件等都有着密不可分的联系。针对这一问题，本章采用一种多种群遗传算法（MPGA），与标准遗传算法（SGA）相比，MPGA 考虑了进化个体之间的相互作用对个体进化的影响，通过多个设有不同控制参数的种群协同进化算法，同时兼顾了算法的全局搜索和局部搜索[112]。

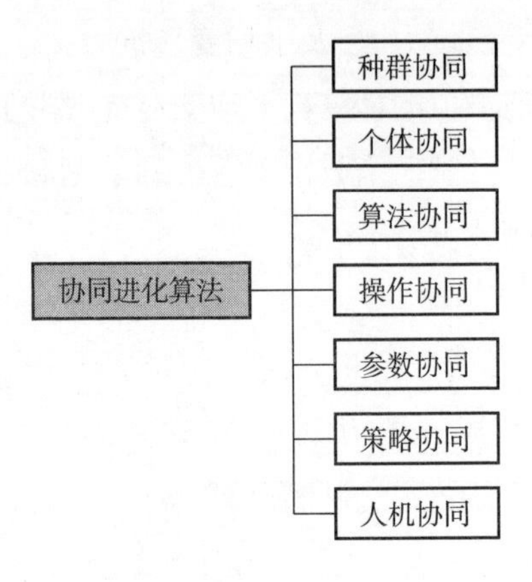

图3－7 协同进化算法分类

遗传算法的全局搜索能力较强，而局部搜索能力较弱，一般只能得到问题的次优解，而不是最优解。因此本章提出一种改进的多种群遗传算法（IMPGA），通过将 Rosenbrock 算法与遗传算法结合来提高遗传算法的搜索能力。IMPGA 的主要思想包括以下几个方面。

（1）与常规遗传算法仅依靠个体种群进行遗传进化不同，实现多个种群同时优化搜索。

（2）不同的种群被赋予不同的控制参数，以达到不同的搜索目的。

（3）通过移民算子架起各个种群之间联系的桥梁，实现多种群的协同进化。

（4）各种群每个进化代中的最优个体通过人工选择算子加以保存，并作为判断算法收敛的依据。

（5）在采用遗传算法进行全局搜索的基础上，采用 Rosenbrock 算法进行局部搜索，以获得问题的全局最优解。

改进的多种群遗传算法结构示意图如图 3－8 所示。移民算子是 IMPGA 的主要特色，它将各种群在进化过程中出现的最优个体定期地引入其他种群中，实现种群之间的信息交换。如果没有移民算子，各种群之间就失去了联系。同时在进化的每一代，采用人工选择算子选出各种群的最优个体并放入精华种群中。为保证这些最优个体不被破坏和丢失，精华种群不进行选择、交叉、变异等操作。IMPGA 的终止判据为精华种群中最优个体最少保持代数。

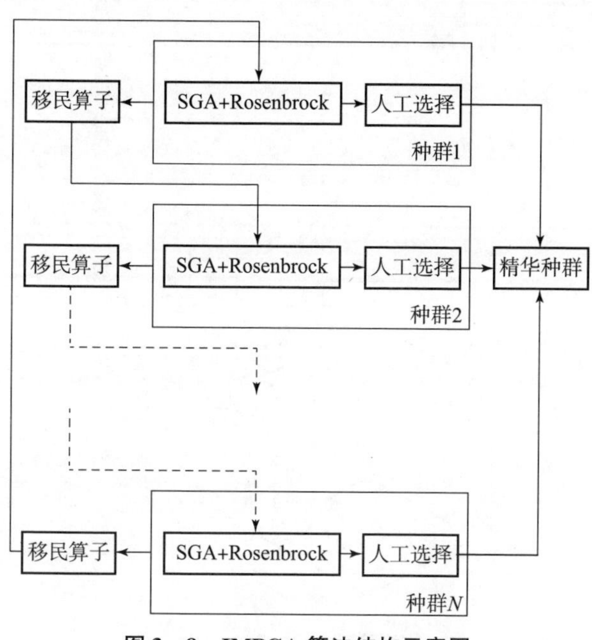

图 3－8　IMPGA 算法结构示意图

3.2.5.3　算法的实现

在 IMPGA 中，单个种群的寻优采用 Rosenbrock－GA 混合算法，其算法流程如图 3－9 所示。

Rosenbrock 算法的求解过程由两部分组成，分别为探测阶段和构造搜索方向阶段。在探测阶段中，从一点出发，顺次沿 n 个单位正交方向进行探测，一轮过后转而从第一个方向继续探测，经过若干轮探测移动后，探测阶段被完成。在第二阶段中，构造一组新的单位正交方向，这组正交方向被称为转轴，在下一次迭代的过程中，将沿转轴进行探测。因此，Rosenbrock 算法也被称为转轴法[113]。

Rosenbrock 算法在计算过程中不需要对目标函数进行求导运算，迭代比较简单，编程也易于实现，适于在线控制，并能够收获较好的效果，其计算步骤如下。

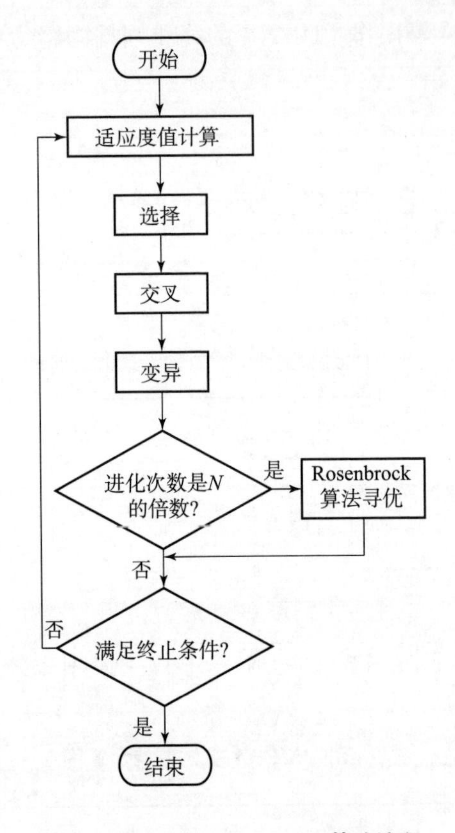

图 3－9　Rosenbrock－GA 算法流程

（1）给定初始点 $\boldsymbol{x}^{(1)}$ 与单位正交方向 $\boldsymbol{p}^{(1)}$，$\boldsymbol{p}^{(2)}$，...，$\boldsymbol{p}^{(n)}$。一般取坐标方向为初始搜索方向，沿各方向的步长为 $\theta_1^{(0)}$，$\theta_2^{(0)}$，...，$\theta_n^{(0)}$，且放大因子 $\alpha>1$，缩减因子 $\beta\in(-1,0)$，允许误差 $\varepsilon>0$。设第 k 次迭代的初始点为 $\boldsymbol{x}^{(k)}$，每轮探测的起点和终点分别用 $\boldsymbol{y}^{(1)}$ 和 $\boldsymbol{y}^{(n+1)}$ 表示，令 $\boldsymbol{y}^{(1)}=\boldsymbol{x}^{(1)}$（$k=1$，$j=1$）。

（2）如 $C(\boldsymbol{y}^{(j)}+\theta_j\boldsymbol{p}^{(j)})<C(\boldsymbol{y}^{(j)})$，则令 $\boldsymbol{y}^{(j+1)}=\boldsymbol{y}^{(j)}+\theta_j\boldsymbol{p}^{(j)}$，$\theta_j:=\alpha\theta_j$；如 $C(\boldsymbol{y}^{(j)}+\theta_j\boldsymbol{p}^{(j)})\geqslant C(\boldsymbol{y}^{(j)})$，则令 $\boldsymbol{y}^{(j+1)}=\boldsymbol{y}^{(j)}$，$\theta_j:=\beta\theta_j$。

（3）如 $j<n$，则令 $j:=j+1$，转步骤（2）；否则，进行步骤（4）。

（4）如 $C(\boldsymbol{y}^{(n+1)})<C(\boldsymbol{y}^{(1)})$，则令 $\boldsymbol{y}^{(1)}=\boldsymbol{y}^{(n+1)}$（$j=1$），转步骤（2）；如 $C(\boldsymbol{y}^{(n+1)})=C(\boldsymbol{y}^{(1)})$，则进行步骤（5）。

（5）如 $C(\boldsymbol{y}^{(n+1)})<C(\boldsymbol{x}^{(k)})$，则进行步骤（6）；否则，如每个 j 均满足

终止准则 $|\theta_j| \leqslant \varepsilon$，则停止计算，且将 $\boldsymbol{x}^{(k)}$ 作为最优解的估计，如不满足终止准则，则令 $\boldsymbol{y}^{(1)}=\boldsymbol{y}^{(n+1)}$，$j=1$，转步骤（2）。

（6）令 $\boldsymbol{x}^{(k+1)}=\boldsymbol{y}^{(n+1)}$，如 $\|\boldsymbol{x}^{(k+1)}-\boldsymbol{x}^{(k)}\| \leqslant \varepsilon$，则取 $\boldsymbol{x}^{(k+1)}$ 作为极小点的估计，并停止计算；否则，构造新的搜索方向，定义一组方向 $\boldsymbol{b}^{(1)}$，$\boldsymbol{b}^{(2)}$，…，$\boldsymbol{b}^{(n)}$，令

$$\boldsymbol{b}^{(j)}=\begin{cases}\boldsymbol{p}^{(j)}, & \lambda_j=0\\ \sum\limits_{i=j}^{n}\lambda_i\boldsymbol{p}^{(i)}, & \lambda_j\neq 0\end{cases} \tag{3.37}$$

式中：λ_j 为整个探测阶段中所有沿方向 $\boldsymbol{p}^{(i)}$ 的步长代数和。

利用 Gram－Schmidt 正交化方法，对向量组｛$\boldsymbol{b}^{(j)}$｝进行正交化，令

$$\boldsymbol{d}^{(j)}=\begin{cases}\boldsymbol{b}^{(j)}, & j=1\\ \boldsymbol{b}^{(j)}-\sum\limits_{i=1}^{j-1}\dfrac{\boldsymbol{d}^{(i)T}\boldsymbol{b}^{(j)}}{\boldsymbol{d}^{(i)T}\boldsymbol{d}^{(i)}}\boldsymbol{d}^{(i)}, & j\geqslant 2\end{cases} \tag{3.38}$$

再进行单位化，令

$$\bar{\boldsymbol{p}}^{(j)}=\frac{\boldsymbol{d}^{(j)}}{\|\boldsymbol{d}^{(j)}\|} \tag{3.39}$$

则新的正交方向为 $\bar{\boldsymbol{p}}^{(1)}$，$\bar{\boldsymbol{p}}^{(2)}$，…，$\bar{\boldsymbol{p}}^{(n)}$，并令 $\boldsymbol{p}^{(j)}=\bar{\boldsymbol{p}}^{(j)}$，$\theta_j=\theta_j^{(0)}$（$j=1, 2, \dots, n$），$\boldsymbol{y}^{(1)}=\boldsymbol{x}^{(k+1)}$，$k:=k+1$，$j=1$，返回步骤（2）。

由式（3.36）可见，目标函数包含 12 个变量，采用 Rosenbrock 算法进行寻优时，给定初始点及初始搜索方向为

$$\begin{cases}\boldsymbol{x}^{(i)}=[C_m,C_n,C_{p1},C_{p2},C_{p3},C_{p4},C_{p5},C_{q1},C_{q2},C_{q3},C_{q4},C_{q5}]^{\mathrm{T}}\\ \boldsymbol{p}^{(i)}=[0,\dots,0,\overset{i}{1},0,\dots,0]^{\mathrm{T}} \qquad (i=1\sim 12)\end{cases} \tag{3.40}$$

式中：C_m，C_n，C_{p1}，C_{p2}，C_{p3}，C_{p4}，C_{p5}，C_{q1}，C_{q2}，C_{q3}，C_{q4}，C_{q5} 由自适应系数层叠表确定。

初始步长设计为

$$\theta_1^{(0)}=\theta_2^{(0)}=\theta_3^{(0)}=\theta_4^{(0)}=\theta_5^{(0)}=\theta_6^{(0)}=\theta_7^{(0)}=\theta_8^{(0)}=\theta_9^{(0)}=\theta_{10}^{(0)}=\theta_{11}^{(0)}=\theta_{12}^{(0)}=1 \tag{3.41}$$

此外，令放大因子 $\alpha=4$，减缩因子 $\beta=-0.6$，允许误差 $\varepsilon=0.05$，即完成变量的初始化过程。

从图3－9中可以看出，当遗传算法进化次数为 N 的倍数时，采用Rosenbrock算法加快进化，并以遗传算法当前计算结果作为Rosenbrock算法的初始解，Rosenbrock算法完成寻优之后，将其寻找到的局部最优值作为新个体染色体继续进化。在遗传算法的后期引入具有较强局部搜索能力的Rosenbrock算法，实现了两种算法的优势互补。

3.2.5.4 自适应系数指数平滑法更新

为了避免轧制力和前滑值发生突变，采用指数平滑法对计算出的自适应系数 $C_{m,\mathrm{cal}}$，$C_{n,\mathrm{cal}}$，$C_{p_i,\mathrm{cal}}$，$C_{q_i,\mathrm{cal}}$ 和上一钢卷的自适应系数 $C_{m,\mathrm{old}}$，$C_{n,\mathrm{old}}$，$C_{p_i,\mathrm{old}}$，$C_{q_i,\mathrm{old}}$ 进行处理，则可得到用于下一个钢卷的变形抗力和摩擦系数模型的自适应系数 $C_{m,\mathrm{next}}$，$C_{n,\mathrm{next}}$，$C_{p_i,\mathrm{next}}$，$C_{q_i,\mathrm{next}}$，即

$$C_{m,\mathrm{next}} = (1-\tau_m)C_{m,\mathrm{old}} + \tau_m C_{m,\mathrm{cal}} \tag{3.42}$$

$$C_{n,\mathrm{next}} = (1-\tau_n)C_{n,\mathrm{old}} + \tau_n C_{n,\mathrm{cal}} \tag{3.43}$$

$$C_{p_i,\mathrm{next}} = (1-\tau_{p_i})C_{p_i,\mathrm{old}} + \tau_{p_i} C_{p_i,\mathrm{cal}} \tag{3.44}$$

$$C_{q_i,\mathrm{next}} = (1-\tau_{q_i})C_{q_i,\mathrm{old}} + \tau_{q_i} C_{q_i,\mathrm{cal}} \tag{3.45}$$

式中：τ_m，τ_n，τ_{p_i}，τ_{q_i} 为指数平滑系数。

3.2.6 计算和讨论

采用某钢厂五机架冷连轧机现场实测数据来验证新方法的控制效果。

如图3－10所示，本书提出的轧制力和前滑模型协同优化新方法主要包括4个阶段。

（1）采集现场实测数据并进行相应的数据处理。

（2）根据实测数据以及变形抗力和摩擦系数的自适应系数初始值计算变形抗力和摩擦系数。

（3）根据实测数据和数学模型计算轧制力和前滑值，并与实测值进行比较。

（4）通过优化算法求解目标函数，不断调整优化变量，直至满足终止条件。

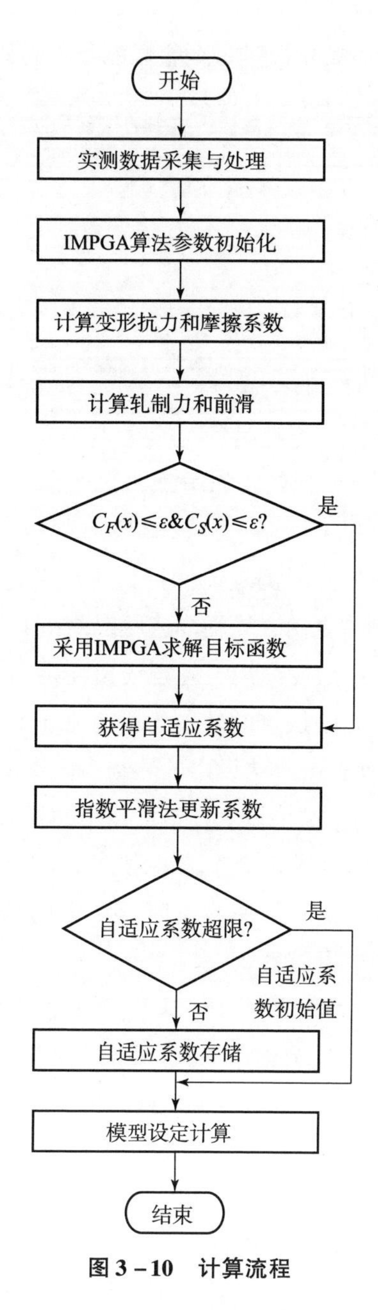

图3－10　计算流程

用于优化计算的现场实测数据由带钢头部实测数据和稳态实测数据组成。以钢种为Q195的带钢为例，其带钢宽度为1 200 mm，厚度由3.00 mm经五机架轧制减小至0.40 mm。各目标函数中的权重系数如表3－3所示。

这些系数可以根据实际生产情况进行调整以满足不同的工艺要求。

表 3－3 目标函数中的权重系数

权重系数	λ_{F_1}	λ_{F_2}	λ_{F_3}	λ_{F_4}	λ_{F_5}	λ_{S_1}	λ_{S_2}	λ_{S_3}	λ_{S_4}	λ_{S_5}	λ_F^*	λ_S^*
低速	0.2	0.2	0.2	0.2	0.2	0.2	0.2	0.2	0.2	0.2	0.5	0.5
高速	0.2	0.2	0.2	0.2	0.2	0.2	0.2	0.2	0.2	0.2	0.5	0.5

分别采用新方法和传统方法计算轧制力与前滑，并将轧制力与轧辊线速度的设定值与实测值进行比较，如图 3－11 所示。

由图 3－11 可以看出，采用新方法计算的 5 个机架的轧制力和轧辊线速度更接近于生产过程中的实际测量值。带钢头部低速轧制阶段，新方法设定的轧制力误差在 4.72% 之内，轧辊线速度误差在 15.97% 之内，而传统方法设定的轧制力误差在 6.51% 之内，轧辊线速度误差在 25.72% 之内；带钢稳定高速轧制阶段，新方法设定的轧制力误差在 1.64% 之内，轧辊线速度误差在 14.73% 之内，而传统方法设定的轧制力误差在 3.96% 之内，轧辊线速度误差在 22.81% 之内。结果显示，本章提出的提高轧制力和前滑模型计算精度的新方法足够可靠应用于冷连轧带钢的过程控制中。

在实际生产过程中，由于低速轧制时轧制力的频繁波动，将严重影响带钢头部的厚度质量和板形质量。

由图 3－12 和图 3－13 可以看出，采用新模型控制下的带钢头部厚度偏差最大值为 1.54%，最小值为 0.003%，平均厚度偏差为 0.29%，板形偏差最大值为 11.37I，最小值为 6.44I，平均板形偏差为 8.60I。

而传统模型控制下的头部厚度偏差最大值为 3.42%，最小值为 0.004%，平均厚度偏差为 1.25%，板形偏差最大值为 12.56I，最小值为 8.96I，平均板形偏差为 10.58I。新方法有效地减小了带钢头部的厚度偏差和板形偏差，提高了带钢头部厚度命中率和板形控制精度。

图 3－14 给出了新方法及传统方法分别作用下的成品带钢全长厚度偏差分类统计柱状图。

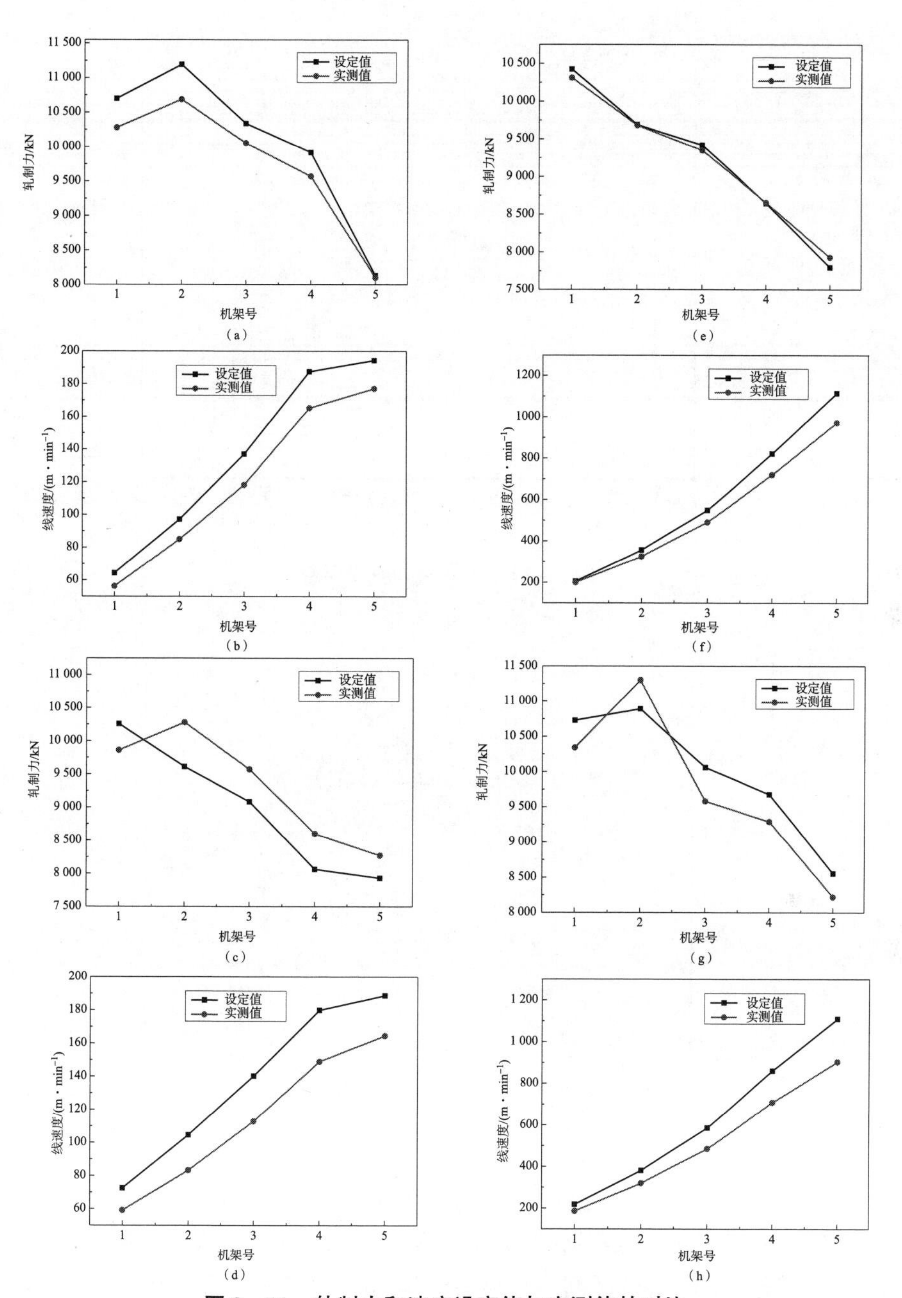

图 3－11　轧制力和速度设定值与实测值的对比

(a)，(b) 低速轧制阶段采用新方法；(c)，(d) 低速轧制阶段采用传统方法；(e)，(f) 高速轧制阶段采用新方法；(g)，(h) 高速轧制阶段采用传统方法

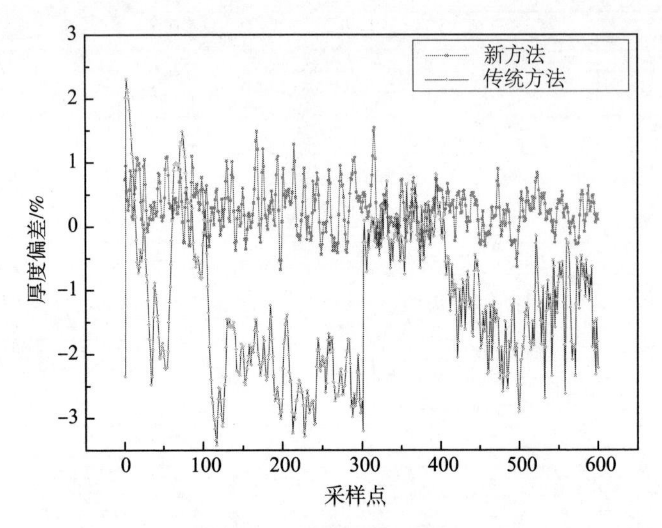

图 3-12　带钢头部厚度偏差

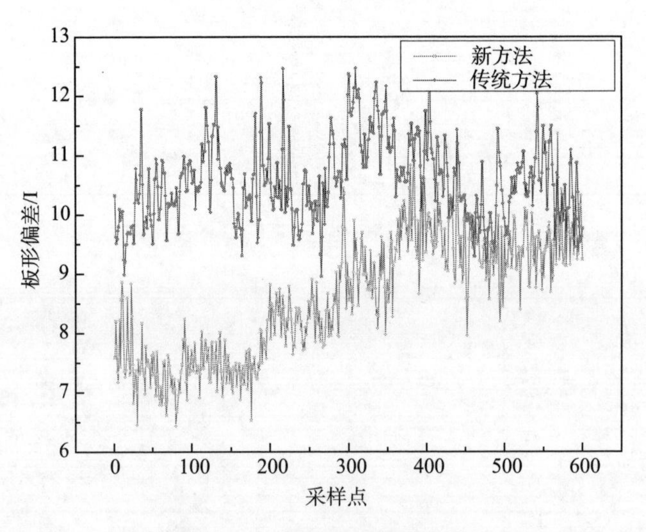

图 3-13　带钢头部板形偏差

表 3-4 为厚度偏差分类统计表。从表中可以看出，在新方法作用下，带钢全长厚度精度明显提高。与原方法相比，带钢厚度合格率（厚度偏差小于 ±1%）由 92.15% 提升至 99.41%。

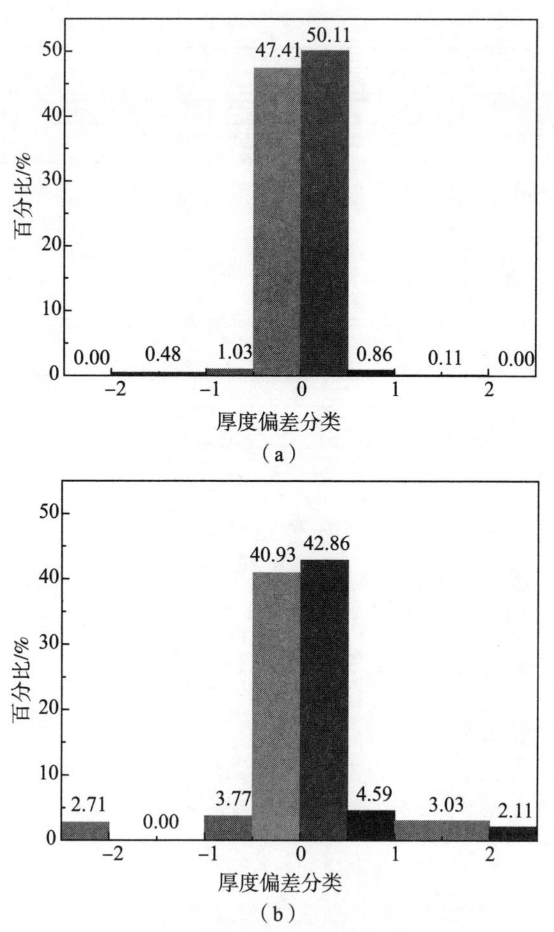

图3-14　厚度偏差分类统计柱状图

(a) 采用新方法；(b) 采用传统方法

表3-4　厚度偏差分类统计

厚度偏差分类	百分比/%		长度/m	
	新方法	传统方法	新方法	传统方法
≤-2.0	0.00	2.71	0.00	143.09
-2.0～-1.0	0.48	0.00	25.39	0.00
-1.0～0.5	1.03	3.77	54.59	199.06
-0.5～0	47.41	40.93	2 501.58	2 161.10

续表

厚度偏差分类	百分比/%		长度/m	
	新方法	传统方法	新方法	传统方法
0~0.5	50.11	42.86	2 664.21	2 263.01
0.5~1.0	0.86	4.59	45.41	242.35
1.0~2.0	0.11	3.03	5.69	159.98
≥2.0	0.00	2.11	0.00	111.41

3.3 基于硬度辨识的厚度控制模型

在轧制过程中往往需要用到多种数学模型，这些数学模型并不是一经建立就一劳永逸了，它需要经过不断维护、整定和调优来提高其精确性。

随着工厂运行时间的增加，设备的状态也会逐渐变差，此时对设备的维护和保养能够延缓设备状态变差的过程；同时操作技术的积累能够挖掘设备的潜力，使其运行效果得到改善与提高。其中，模型优化是提升运行效果最为经济、方便、有效的手段，如果没有模型优化，设备的运行状态将会由于磨损、疲劳、老化等因素而变得越来越差[114]。因此，了解和掌握模型调优的方法，对提高我国轧制技术水平具有十分重要的意义。模型优化在轧机生命周期中的作用如图 3－15 所示。

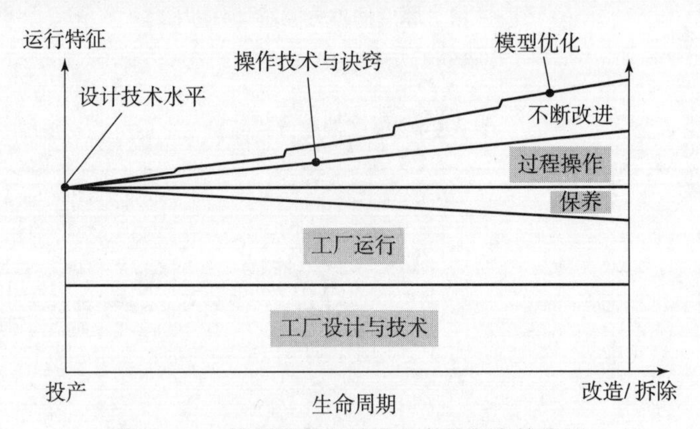

图 3－15 模型优化在轧机生命周期中的作用

一般说来，对数学模型日常的维护通常是对模型系数的优化，即通过上文提到的数学模型自适应调优方法来调整自适应系数，使模型能够得到与实测值更加接近的计算结果。除此之外，调整模型结构，建立符合生产过程实际要求的、高精度的数学模型也尤为重要。

3.3.1　硬度波动对厚度精度的影响

冷连轧带钢的厚度精度一直是提高产品质量的主要目标之一。板带的厚度精度由两部分内容组成：分别为每一块轧件的厚度同板差和一批同规格带钢的厚度异板差。因此，厚度精度可分解为头部厚度命中率和全长厚度精度及其百分比。其中，厚度设定模型的精度决定了带钢头部厚度命中率，而全长厚差则需要通过自动厚度控制系统控制。

为了实现厚度设定和厚度控制，板带轧机的过程自动化级包括设定模型及模型自学习、动态设定等功能；基础自动化级包括反馈自动厚度控制（AGC）、前馈 AGC、监控 AGC、全局秒流量 AGC 及加减速补偿等功能。

过程自动化级的功能以设定模型为核心，主要目标为提高带钢头部命中率；基础自动化级的功能以综合 AGC 系统为核心，主要目标为提高带钢厚度全长控制精度。造成冷带厚度偏差的主要原因为热轧料的硬度波动。

冷连轧机组由于存在大量紧密联系的工艺和设备参数，用物理实验方法来研究它们之间的相互关系，将大幅度增加工作量并且灵活性上也将受到限制。因此，采用静态/动态综合分析法来进行综合分析，采用理论分析和实验验证相结合的办法将更为合理[115,116]。

冷连轧机组的参数可以被分为 3 个部分，分别是扰动量、控制量和目标量，如表 3－5 所示。

表 3－5　冷连轧机组参数

项　　目	内　　容
扰动量	（1）来料温度变动或轧制温度变动 δt_i 和硬度变动 δK_i （2）来料厚度变动 δH_0 或入口厚度变动 δh_0 （3）轧机速度及张力变动 δv_{0i} 及 $\delta\tau$

续表

项目	内　容
控制量	（1）压下位置调节量 δS_i （2）轧机速度调节量 δv_{0i} （3）弯辊力调节量 δF_i （4）窜辊调节量 δd
目标量	（1）出口厚度变动量 δh_i（特别是成品厚度变动量） （2）出口凸度变动量 δCR_i（特别是成品凸度变动量） （3）成品带钢的平坦度变动

静态分析研究的是两个稳态各个参量的变化，当仅需静态地研究各参数的相互影响及其对成品厚度、板形的影响时，可以忽略压下系统及主速度系统的动态特性，以变形区为对象进行各参数的静态分析，如图 3－16 所示。常用的静态分析法为“影响系数法”。动态分析研究的是各个参量从一个稳态到另一个稳态的变动过程，为此需引入各执行机构的动特性，构成一个完整的动态系统，如图 3－17 所示。动态综合分析所用的方法为数字仿真分析法。

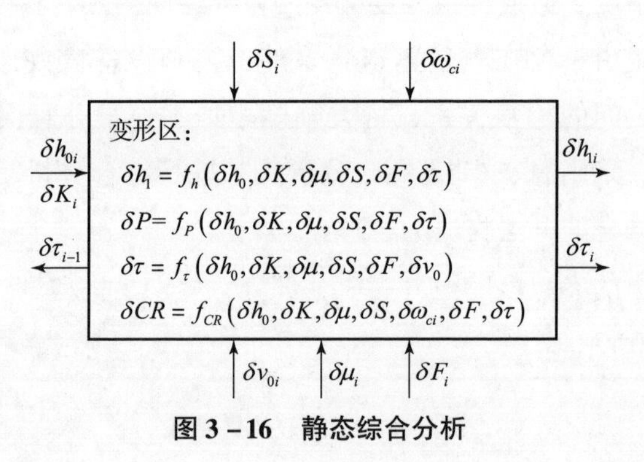

图 3－16　静态综合分析

静态综合分析法由于研究的是扰动量或控制量变动的影响，因此可采用增量形式的代数方程；动态仿真时变形区模型与静态分析基本相同，由于控制时各变量变动范围较小，同样可采用线性化后的增量代数方程。

分别采用静态综合分析法和动态仿真来研究带钢硬度波动对厚度精度的影响。通过带钢冷连轧静态综合分析可知，来料硬度波动对成品厚度精

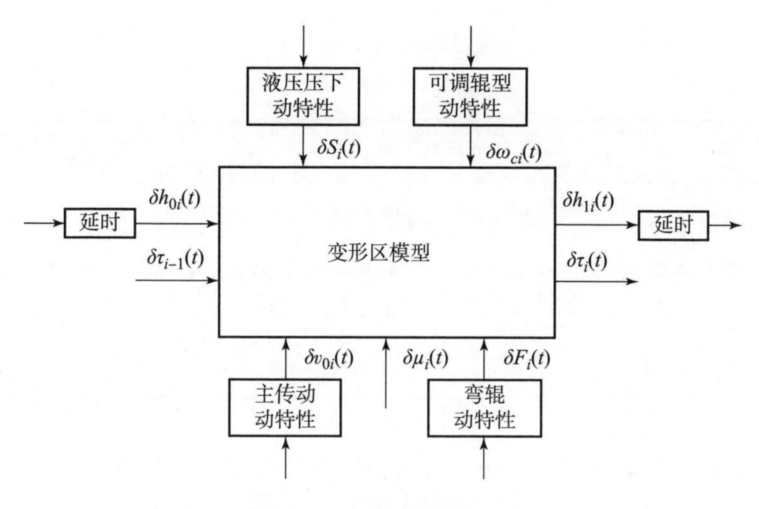

图 3－17　动态综合分析

度的影响不仅没有逐架减少，反而是逐架增强，充分可见来料硬度波动的影响具有重发性，且薄规格比厚规格更严重；通过带钢冷连轧动态仿真可以看出，由于硬度变动的重发性，亦即硬度较大或较小的该段带钢进入每个机架时都将产生新的厚差，使得厚度控制效果明显变差[117]。

长期以来，自动厚度系统都是以厚度偏差为依据来控制成品厚度精度。来料厚度波动的影响相对来说较容易消除，但要消除来料硬度波动的影响要难许多，特别是薄规格带钢，当来料具有硬度波动时传统 AGC 的控制效果将受到限制[118,119]。因此，消除来料硬度波动对冷连轧带钢厚度精度的影响具有重要的意义。

本节以弹跳方程为基础，建立了基于硬度辨识的冷连轧厚度控制模型，并前馈控制于下一个机架。同时为了减少调节量，保证带钢出口凸度恒定，硬度波动在末机架引起的厚差通过反馈控制由次末机架“过补偿”来消除。通过 Matlab 进行离线仿真的结果表明，改进的 AGC 与传统 AGC 相比，成品厚度及板形控制精度都有明显的提高。

3. 3. 2　模型的建立

3. 3. 2. 1　δK_i 的确定

根据弹跳方程可求得第 i 机架实测出口厚度为

$$h_{im}=S_{im}+\frac{P_{im}-P_0}{K_P}+O_i+G,i=1,2\cdots,n-2 \tag{3.46}$$

式中：S_{im}为辊缝实测值（mm）；P_{im}为轧制力实测值（kN）；P_0为预压靠力（kN）；K_P为轧机纵向刚度（kN/mm）；O_i为油膜轴承油膜厚度（mm）；G为辊缝零位（mm）；i为机架号；n为机架总数。

轧制力随轧件厚度和机架条件的变化而不断波动，而轧制力的变化又将直接影响到带钢的厚度精度。冷轧轧制力公式可采用下列形式：

$$P=\overline{B}l'_cQ_PK_TK/1\ 000 \tag{3.47}$$

式中：P为轧制力（kN）；$\overline{B}$为轧件平均宽度（mm）；l'_c为考虑压扁后的变形区接触面积和接触弧长（mm）；Q_P为考虑压扁后的外摩擦应力状态系数；K_T为张力影响系数；K为金属变形抗力（硬度）（MPa）。

由此可得第i机架实测硬度：

$$K_i=\frac{1\ 000P_{im}}{\overline{B}l'_{ci}Q_{Pi}K_T} \tag{3.48}$$

其中

$$l'_{ci}=\sqrt{R'_i\Delta h_i} \tag{3.49}$$

$$R'_i=R_i\left(1+2.2\times10^{-1}\frac{P_{im}}{\overline{B}\Delta h_i}\right) \tag{3.50}$$

$$\Delta h_i=h_{0im}-h_{im} \tag{3.51}$$

式中：R'_i为压扁后轧辊半径（mm）；R_i为轧辊半径（mm）；Δh_i为绝对压下量（mm）；h_{0im}为轧件入口厚度（mm）；h_{im}为轧件出口厚度（mm）。

采用科洛辽夫公式计算Q_{Pi}：

$$Q_{Pi}=\frac{2}{\varepsilon_i\delta_i}\left[\left(\frac{1}{1-\varepsilon_i}\right)^{\frac{\delta_i-1}{2}}-\left(1-\frac{\varepsilon_i}{2}\right)\right] \tag{3.52}$$

式中：$\delta_i=\mu_i\frac{2l'_{ci}}{\Delta h_i}$；$\varepsilon_i=\frac{h_0-h_i}{h_0}$；$\mu_i$为摩擦系数；$\varepsilon_i$为变形程度。

由下式可得第i机架硬度波动，并近似认为是第$i+1$机架需要消除的硬度波动：

$$\delta K_i=K_i-K_{ic} \tag{3.53}$$

式中：K_{ic}为第i机架硬度设定值（MPa）。

3.3.2.2 辊缝调节量的计算

增量厚度方程可以写为

$$\delta h = \frac{1}{K_P + Q}\left[K_P \delta S + \frac{\partial P}{\partial h_0}\delta h_0 + \frac{\partial P}{\partial K}\delta K\right] \tag{3.54}$$

式中：δh 为轧件在机架出口的厚度波动量（mm）；Q 为带钢塑性刚度（kN/mm）；δS 为机架辊缝调节量（mm）。

为了提高 $i+1$ 机架出口厚度精度，令其出口厚差为零，即

$$K_P \delta S_{i+1} + \left(\frac{\partial P}{\partial h_0}\right)_{i+1}\delta h_{0(i+1)} + \left(\frac{\partial P}{\partial K}\right)_{i+1}\delta K_{i+1} = 0 \tag{3.55}$$

可得 $i+1$ 机架辊缝调节量，即

$$\delta S_{i+1} = -\frac{1}{K_P}\left[\left(\frac{\partial P}{\partial h_0}\right)_{i+1}\delta h_{0(i+1)} + \left(\frac{\partial P}{\partial K}\right)_{i+1}\delta K_{i+1}\right] \tag{3.56}$$

3.3.2.3 兼顾板形的厚度控制模型

在轧制过程中，为了保证带钢板形，需要考虑投入 AGC 时所引起的轧制力频繁变化对板形的影响。当末机架不动辊缝且轧制力恒定时，可使成品厚度及凸度保持恒定。这时由于硬度波动造成的末机架厚差可用末机架入口厚度的变化量来加以补偿，即反馈作用于次末机架，使其不仅消除本机架厚差，并且过头调节产生“反厚差”，以便在末机架中恢复正常。

增量轧制力方程为

$$\delta P = \left(\frac{K_P}{K_P + Q}\right)\left[\frac{\partial P}{\partial h}\delta S + \frac{\partial P}{\partial h_0}\delta h_0 + \frac{\partial P}{\partial K}\delta K\right] \tag{3.57}$$

为了使成品厚度及凸度恒定，令 $\delta P_n = 0$，$\delta S_n = 0$，将其代入式（3.57），可得

$$\delta h_{n-1} = \delta h_{0n} = -\left(\frac{\partial P}{\partial K}\right)_n \Big/ \left(\frac{\partial P}{\partial h_0}\right)_n \cdot \delta K_n \tag{3.58}$$

由式（3.54）可知

$$\delta h_{n-1} = \frac{1}{K_P + Q}\left[K_P \delta S_{n-1} + \left(\frac{\partial P}{\partial K}\right)_{n-1}\delta K_{n-1}\right] \tag{3.59}$$

因此，可以求出为了消除末机架厚差的次末机架辊缝调节量，即

$$\delta S'_{n-1}=\frac{(K_P+Q)\delta h_{n-1}-(\partial P/\partial K)_{n-1}\delta K_{n-1}}{K_P} \tag{3.60}$$

将式（3.58）代入式（3.60），并且 $\delta K_n=\delta K_{n-1}$，可得

$$\delta S'_{n-1}=-\delta K_{n-1}\left[\left(\frac{\partial P}{\partial K}\right)_n\Big/\left(\frac{\partial P}{\partial h_0}\right)_n(K_P+Q)+\left(\frac{\partial P}{\partial K}\right)_{n-1}\right]\Big/K_P \tag{3.61}$$

式中：$\delta S'_{n-1}$即为了保持板形良好的次末机架辊缝调节量。

3.3.3 离线仿真结果及分析

以五机架冷连轧为例，通过离线仿真分析分别采用传统 AGC 与改进的 AGC 控制后的效果。

计算的初始参数为：板宽 $B=800$ mm；预压靠力 $P_0=17\ 000$ kN；轧机刚度系数 $K_P=16\ 700$ kN/mm；轧辊半径 $R=210$ mm。轧制规程如表 3－6 及表 3－7 所示。

表 3－6 机架数据

参数 \ 机架号	1	2	3	4	5
压下率/%	33. 28	37. 22	41. 51	38. 10	34. 07
轧制力/kN	7 112	7 514	6 669	6 513	6 477
弯辊力/kN	442	1 117	914	659	455
速度/(m · min^{-1})	193	310	538	867	1 339
电机功率/kW	811	1 662	2 279	2 439	2 741

表 3－7 机架间的数据

参数 \ 段区域	1	2	3	4	5	6
厚度/mm	1. 80	1. 20	0. 75	0. 44	0. 27	0. 18
张力/kN	87	147	107	73	51	11

传统控制策略对 1 号机架采用前馈 AGC 及监控 AGC，2 号机架采用秒流量 AGC，5 号机架采用前馈 AGC 及监控 AGC。改进方案后，采用基于硬度识别的厚度控制模型，对 2、3、4 号机架投入硬度前馈 AGC，同时为了

带钢出口凸度保持恒定，4号机架还投入“过补偿”反馈AGC。对来料加入硬度扰动，分别采用传统AGC及改进AGC进行仿真，可以得到各机架厚度波动幅值的对比，如表3-8所示，板形误差曲线的对比如图3-18所示。

表3-8　各机架出口厚度偏差变化范围/μm

参数 \ 机架号	1	2	3	4	5
传统AGC	-1.8～+2.0	-1.5～+1.5	-1.3～+1.4	-1.2～+1.2	-1.0～+1.0
改进AGC	-1.0～+1.1	-0.8～+0.8	-0.7～+0.8	-0.7～+0.7	-0.6～+0.7

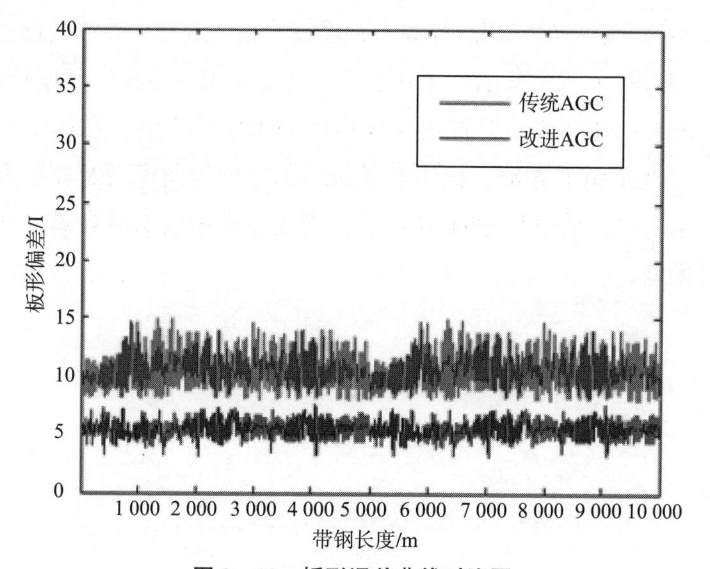

图3-18　板形误差曲线对比图

由板形误差曲线对比图可以看出，采用改进的AGC后，带钢厚度精度明显提高，并可有效减小板形偏差。新的控制策略对冷连轧带钢厚度控制及板形控制有着重要的意义。

本章小结

（1）深入研究了冷连轧在线数学模型，建立了高精度的轧制力、前滑、变形抗力、摩擦系数、轧制力矩、电机功率、轧辊压扁、轧机模型、厚度计以及辊缝模型，保障了轧机参数设定、负荷分配计算和轧制规程制定的顺利进行。

（2）提出了一种基于目标函数的冷连轧轧制力模型和前滑模型的协同自适应算法。建立了冷连轧带钢轧制力和前滑模型的协同自适应目标函数，并采用多种群协同进化算法进行求解；采用变形抗力和摩擦系数模型中的自适应系数作为寻优参数进行求解，可同时得到满足轧制力模型和前滑模型计算精度的自适应系数，目标函数中权重因子的引入使轧制力模型和前滑模型综合自适应算法可以更灵活地满足实际生产要求；考虑变形抗力和摩擦系数的轧制力和前滑模型的协同自适应方法可以显著提高轧制力模型和前滑模型的设定精度，同时提高带钢厚度合格率及板形控制精度。

（3）以弹跳方程为基础，建立了基于硬度辨识的冷连轧厚度控制模型，解决了冷轧来料硬度波动对带钢厚度精度的重发性影响；在优化设定模型的基础上，改进 AGC 策略，提出兼顾板形的厚度控制模型及控制方案；离线仿真结果表明，采用改进的 AGC 后，带钢厚度精度明显提高，并可有效减小板形偏差。

第4章　冷连轧带钢轧制规程多目标优化研究

冷轧带钢所使用的原料是热轧板卷，并且在室温下对其进行轧制。由于在室温下加工的钢材具有变形抗力大、塑性差等特点，所以与热轧过程相比冷轧带钢需要更大的轧制压力。同时，为了保证带钢平直度、减小轧制压力，冷轧过程中需要对带钢施加张力。

冷连轧带钢轧制规程的制定是生产工艺的主要内容，对轧制规程进行优化可使轧制生产过程处于最佳状态。通过轧机设定程序计算的轧制规程可以分为预计算和重计算两种类型，预计算是第一次初始的设定计算，是新的目标待轧卷进入待轧区时的计算；重计算是预计算后，当学习系数、轧辊条件、操作工干预等计算条件发生变化后的新的设定计算。以酸洗冷连轧机为例，预计算和重计算的触发时机如图 4－1 所示。

合理的轧制规程设计需满足以下两点要求：(1) 在设备能力允许的条件下尽量提高产量；(2) 在保证操作稳便的条件下提高产品质量。

对于冷连轧带钢来说，确定最优的轧制过程具有十分重要的意义。本章针对薄规格带钢建立了基于影响函数法的轧制规程多目标模型，并采用基于案例推理技术的禁忌搜索算法进行求解，得到了更加合理的轧制规程，可在充分发挥设备能力的同时提高带钢的产量和质量。

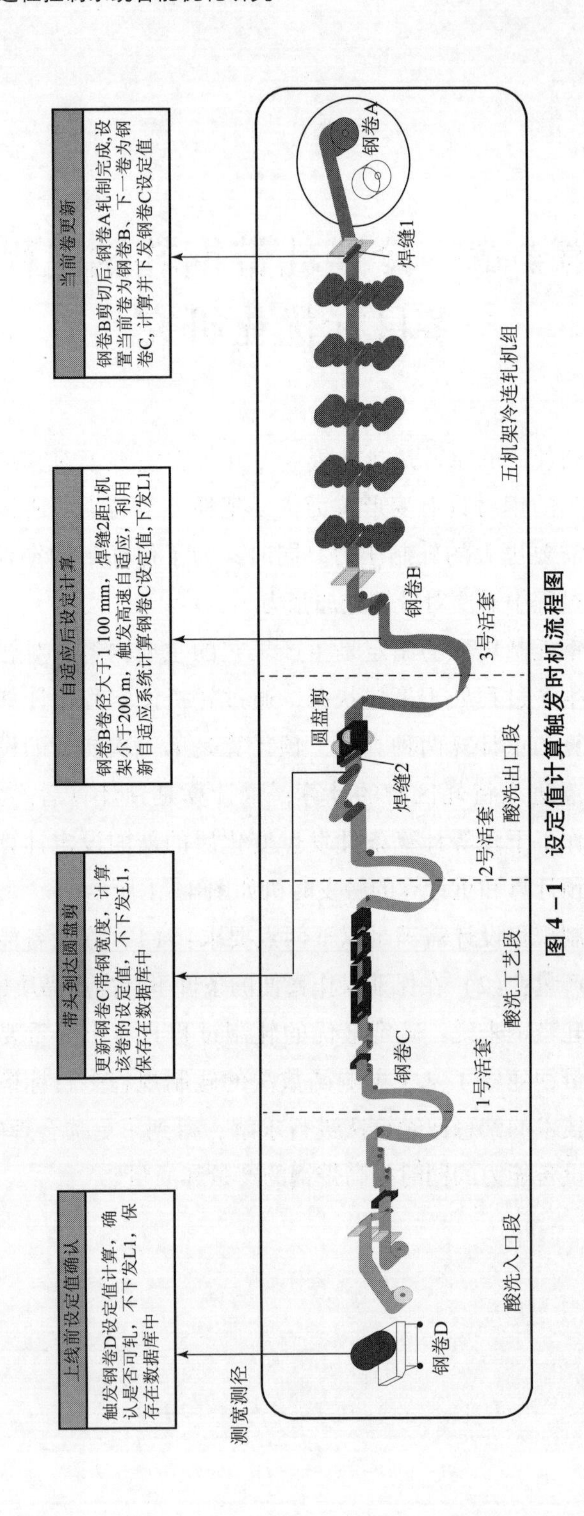

图 4－1　设定值计算触发时机流程图

4.1 轧制规程概述及发展

4.1.1 轧制规程策略

冷连轧带钢轧制规程的制定主要包括以下 3 个方面的内容，即压下制度、张力制度和速度制度的制定。

以五机架冷连轧机为例，1 号机架入口厚度和 5 号机架出口厚度由 PDI 数据决定，机架间带钢厚度及张力由轧机设定计算得到，如图 4－2 所示。

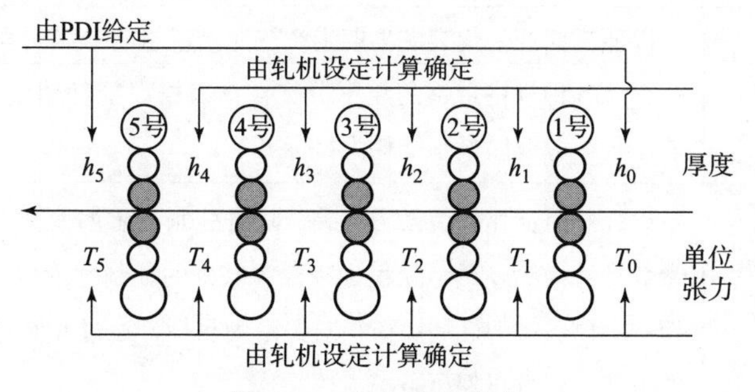

图 4－2 轧制规程确定

5 号机架出口侧的带钢速度即为轧线的速度。典型的速度模型是穿带速度和稳定的最大速度之间的加速和减速之间的可重复模型。轧制过程中的典型速度制度如图 4－3 所示。

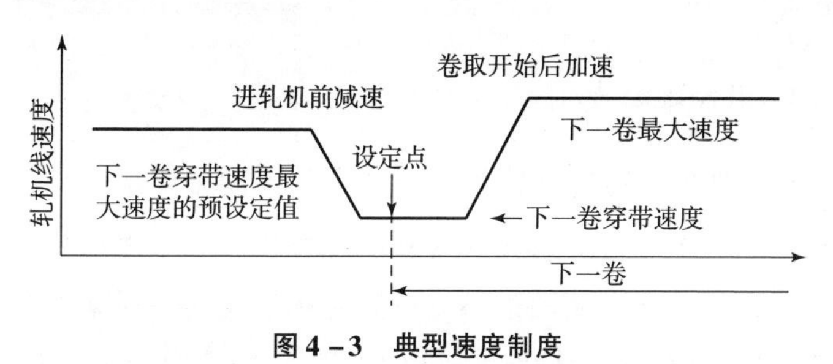

图 4－3 典型速度制度

轧制规程制定的核心问题是合理分配各机架的压下量，确定各机架实际出口厚度，即负荷分配。负荷分配的主要功能即在带钢入口厚度和出口厚度已知的情况下，确定各机架的压下率，同时计算出其他相关工艺参数。

4.1.2 轧制规程发展

4.1.2.1 发展阶段

冷连轧负荷分配计算方法的发展可以分为 3 个阶段[120-124]，如表 4-1 所示。

表 4-1 冷连轧负荷分配计算方法的发展

计算方法	内容说明
经验分配法	以能耗曲线为代表。早期生产按照经验进行负荷分配，以表格形式存储各种规格带钢的压下分配，该表格以能耗曲线为基础建立，轧制负荷分配以最小能耗为目标
轧制理论法	以轧制负荷比例关系为代表。随着轧制技术的发展，以轧制工艺参数计算模型及秒流量恒定理论为基础的轧制理论用于冷连轧在线控制。以各机架轧制负荷相对关系为目标，通过轧制理论在线计算的方法获得各机架压下率
优化计算法	以目标优化函数为代表。随着冷连轧自动控制技术的发展，提出以单一或多个工艺参数为优化目标，并建立相应的约束条件，在寻优过程中使用优化算法，以确定各机架的带钢厚度

4.1.2.2 轧制理论法

轧制理论法即按照冷连轧机组生产要求的不同来确定各机架负荷比例系数，并通过求解该负荷函数实现连轧机组各机架压下率的优化设定。在线负荷分配计算时，不同轧制策略、不同轧制规程的各机架负荷比例系数可事先存于数据库中，或由操作人员根据实际轧制情况给定。表 4-2 给出了 7 种典型的轧制策略。

1. 功率平衡模式

该模式按照功率来分配 1～5 号机架的负荷，可以在接近电机功率最大许可条件下获得机组最大生产率，各机架的电机功率分配比满足给定的目标分配比，如图 4－4 所示。

表 4－2　冷连轧机组轧制策略

策略模式＼机架	1 号	2 号	3 号	4 号	5 号
功率平衡	$P_1 : P_2 : P_3 : P_4 : P_5 = \alpha_{P_1} : \alpha_{P_2} : \alpha_{P_3} : \alpha_{P_4} : \alpha_{P_5}$				
轧制力平衡	$F_1 : F_2 : F_3 : F_4 : F_5 = \alpha_{F_1} : \alpha_{F_2} : \alpha_{F_3} : \alpha_{F_4} : \alpha_{F_5}$				
相对压下率平衡	$r_1 : r_2 : r_3 : r_4 : r_5 = \alpha_{r_1} : \alpha_{r_2} : \alpha_{r_3} : \alpha_{r_4} : \alpha_{r_5}$				
绝对压下率和功率平衡	r_1	$P_2 : P_3 : P_4 = \alpha_{P_2} : \alpha_{P_3} : \alpha_{P_4}$			r_5
绝对压下率和轧制力平衡	r_1	$F_2 : F_3 : F_4 = \alpha_{F_2} : \alpha_{F_3} : \alpha_{F_4}$			r_5
绝对压下率和相对压下率平衡	r_1	$r_2 : r_3 : r_4 = \alpha_{r_2} : \alpha_{r_3} : \alpha_{r_4}$			r_5
毛辊轧制	$P_1 : P_2 : P_3 : P_4 = \alpha_{P_1} : \alpha_{P_2} : \alpha_{P_3} : \alpha_{P_4}$				单位宽轧制力 F_{w5}

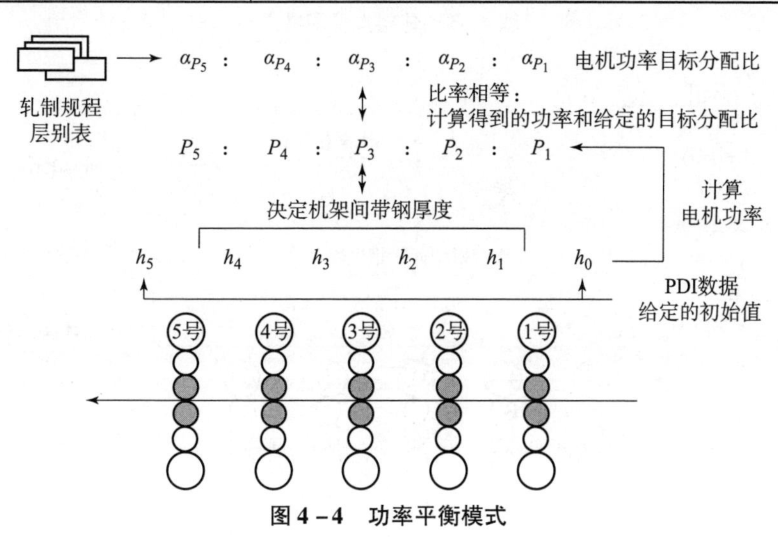

图 4－4　功率平衡模式

2. 轧制力平衡模式

该模式按照轧制力来分配 1～5 号机架的负荷，由于过大或过小的轧制力均会引起板形恶化，因此该模式主要考虑的是带钢板形质量。各机架的轧制力分配比满足给定的目标分配比，如图 4－5 所示。

3. 相对压下率平衡模式

该模式按照相对压下率来分配 1～5 号机架的负荷，有利于了解机架间压下率的比例关系，便于生产操作。各机架的相对压下率分配比满足给定的目标分配比，如图 4 - 6 所示。

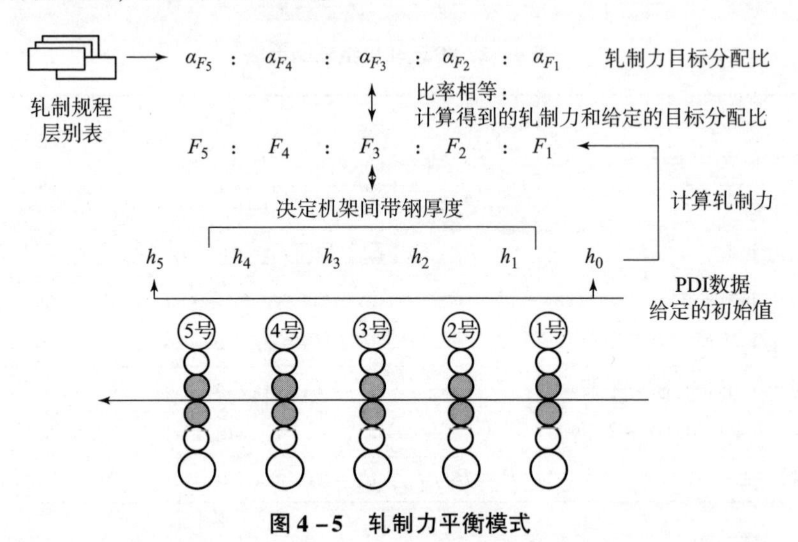

图 4 - 5　轧制力平衡模式

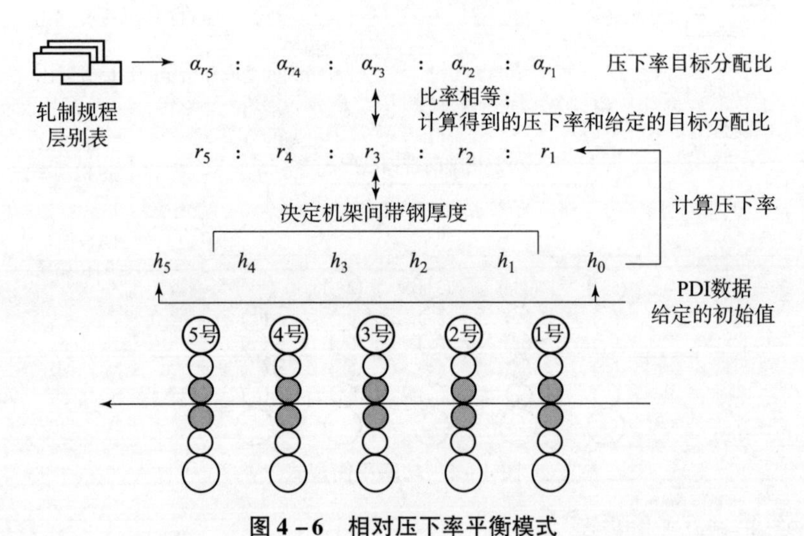

图 4 - 6　相对压下率平衡模式

4. 绝对压下率和功率平衡模式

该模式是在来料厚度和成品厚度已知的条件下，预先给定 1 号和 5 号机架带钢的压下率，将 2 ~ 4 号机架按功率进行负荷分配，如图 4 - 7 所示。

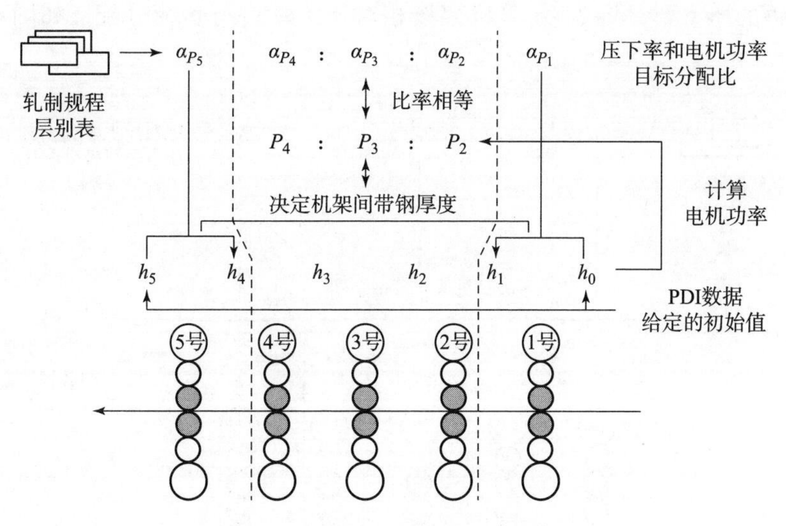

图 4－7　绝对压下率和功率平衡模式

5. 绝对压下率和轧制力平衡模式

该模式是在来料厚度和成品厚度已知的条件下，预先给定 1 号和 5 号机架带钢的压下率，将 2～4 号机架按轧制力进行负荷分配，如图 4－8 所示。

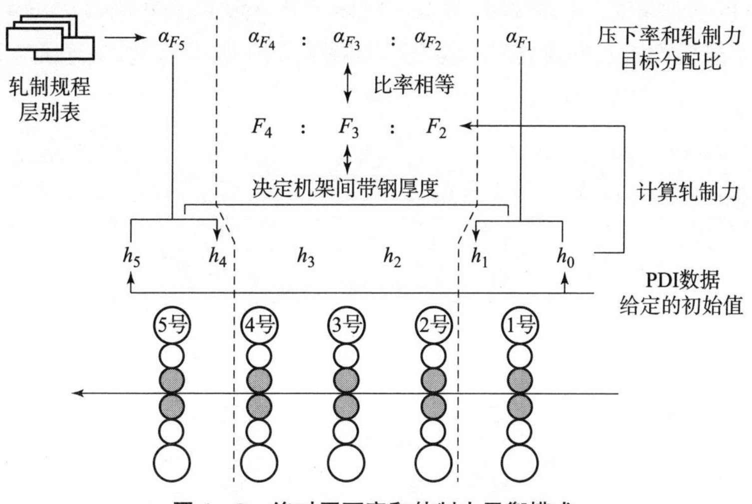

图 4－8　绝对压下率和轧制力平衡模式

6. 绝对压下率和相对压下率平衡模式

该模式是在来料厚度和成品厚度已知的条件下，预先给定 1 号和 5 号机架带钢的压下率，将 2 ~4 号机架按相对压下率进行负荷分配，如图 4 -9 所示。

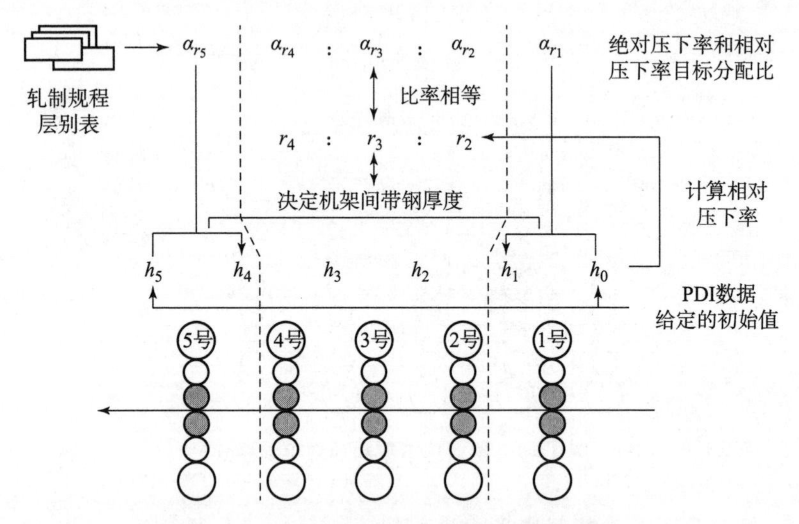

图 4 -9　绝对压下率和相对压下率平衡模式

7. 毛辊轧制模式

该模式是给定单位宽度轧制力，以保证在 5 号机架轧制力恒定条件下，将 1 ~4 号机架按功率进行负荷分配，如图 4 -10 所示。

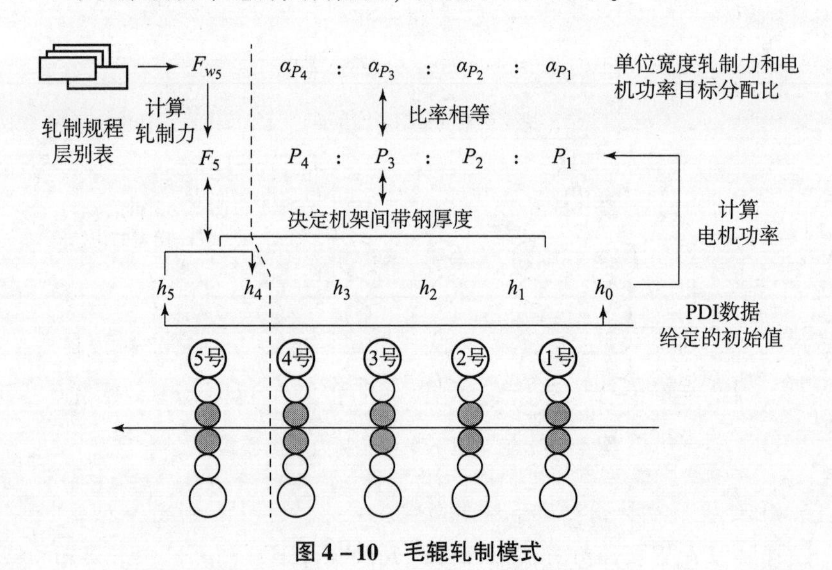

图 4 -10　毛辊轧制模式

4.2　多目标函数的设计

在冷连轧过程控制系统中，轧制规程的制定是一项最基本的工作，是生产工艺的核心内容，轧制规程设计的合理与否直接影响成品钢材的产量与质量。上述几种负荷分配计算方法中，经验分配法没有考虑到带钢材料及轧制生产条件的差异对控制参数的影响，因此已不适用于现代化冷连轧生产的要求；轧制理论法按照负荷成比例确定负荷分配，这些负荷分配系数是在大量生产实践中获得的经验值，并且针对不同钢种和带钢规格需要制定不同的层别表，一旦轧制规程数据确定后，将无法在线优化负荷分配。因此，轧制规程目标优化计算方法将是负荷分配计算的发展趋势。

目前，许多研究人员提出了不同的冷连轧轧制规程优化算法[125-143]。赵新秋等以等功率裕度和克服划痕为目标，建立轧制规程多目标优化模型，采用自适应混沌变异蛙跳算法进行优化设计；杨景明等以负荷均衡和板形良好为目标，应用遗传算法进行轧制规程优化设计；魏立新等提出了一种轧制压力修正模型，设计出一种改进的自适应遗传算法进行轧制规程优化计算；车海军等选取等相对负荷为目标函数，采用罚函数法将有约束条件转为无约束条件，并采用粒子群算法对目标函数进行优化；Mehrdad Poursina 等从能耗和损伤演化的观点出发，并采用遗传算法来优化轧制规程。

在过去的10年中，随着轧制技术和现代轧机设计理论的飞速发展，人们逐渐将最优化技术应用到轧制领域，轧制规程优化设计取得了长足的进步，生产出了尺寸精度更高、力学性能更好的产品。

其中，冷轧薄板由于其平直度高、表面光亮、性能均一等特点广泛应用于电子、汽车、轻工、纺织等部门。但是，伴随着生产工序自动化和工业技术现代化的迅猛发展，国民经济各部门对轧制产品尺寸精度的要求日渐提高。因此本章设计了一套针对薄规格带钢轧制规程的多目标优化算法，以获得更好的板形和产品质量。

4.2.1　在线控制参数计算模型

对于在线过程控制而言，负荷分配的计算过程既要求快速性又要保证准确性，因此目标函数的建立及所使用数学模型的物理含义应尽可能简单、明了。

在冷连轧轧制规程多目标优化的计算过程中，使用的轧制力模型为：

$$F = Bl'_c \theta K K_T / 1\ 000 \tag{4.1}$$

式中：F 为轧制力（kN）；B 为带宽（mm）；l'_c 为考虑压扁后的轧辊与轧件接触弧的水平投影长度（mm）；θ 为考虑变形区内应力状态的影响系数；K 为金属变形阻力（MPa）；K_T 为前后张应力对轧制力的影响系数。

轧制时变形区内应力状态及其分布决定于变形区的几何形状，可以用接触弧长 l_c 与平均厚度 h_m 之比来表述。冷连轧时，变形区平均厚度较小，使 $l_c/h_m > 1$，由于轧辊与轧件接触面上存在摩擦力使变形区内产生复杂的应力状态，此时接触弧上需施加的平均变形抗力应为

$$k_m = \theta K \tag{4.2}$$

其中，θ 的计算采用 Hill 公式：

$$\theta = 1.08 + 1.79\varphi\delta\ \sqrt{1-\delta}\sqrt{\frac{R'}{h}} - 1.02\delta \tag{4.3}$$

式中：φ 为接触弧摩擦系数；δ 为变形程度，$\delta = \frac{h_0 - h}{h_0}$；$R'$ 为考虑压扁的轧辊半径（mm）。

冷连轧时，变形抗力反映了材料积累加工硬化的影响，如图 4－11 所示。

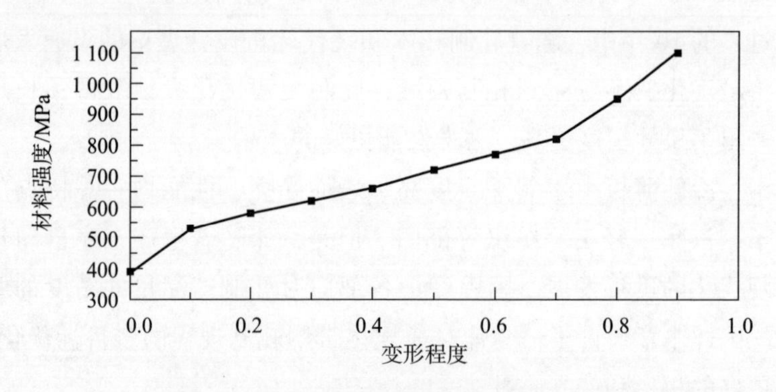

图 4－11　带钢冷连轧过程加工硬化曲线

由变形抗力数学模型及加工硬化曲线可以看出，在冷变形状态下，金属的加工硬化随着变形程度的增加而增加，其变形抗力明显升高。当轧制

薄规格带钢时，由式（4.2）和式（4.3）可知，平均变形抗力也会增大，使轧制过程变得困难，且不易获得良好板形。因此，设计出一套冷连轧薄带钢的轧制规程多目标优化函数显得尤为重要。

冷连轧机组负荷分配的优化就是在满足工艺要求的条件下，合理分配各机架的压下率，使轧制工艺达到最优化，以提高轧机生产效率及产品质量。在设计目标函数时，需要考虑轧机的机械型号、电气状态条件、实际操作中应满足的条件等，在不损害设备的前提下，使各设备充分发挥最大的生产能力。

4.2.2　功率目标函数

以五机架冷连轧为例，为了充分发挥设备能力和提高生产效率，在1～4号机架以轧制功率作为目标函数。该目标函数的目的在于使功率设定值 P_j 尽可能地接近 $P_{\mathrm{nom},j}$，目标函数设计为

$$f_P = \frac{\sum_{j=1}^{4}\left[k_{P,j}\cdot\left(\frac{P_j - P_{\mathrm{nom},j}}{P_{\mathrm{delta},j}}\right)^2\right]}{\sum_{j=1}^{4}k_{P,j}} \tag{4.4}$$

其中

$$P_{\mathrm{nom},j} = P_{\max,j}\cdot P_{\mathrm{ratio},j} \tag{4.5}$$

$$P_{\mathrm{delta},j} = \frac{P_{\max,j} - P_{\min,j}}{2} \tag{4.6}$$

式中：j 为机架号；f_P 为功率目标函数；P_j 为第 j 机架轧机轧制功率计算值；$P_{\max,j}$、$P_{\min,j}$ 分别为第 j 机架功率最大、最小值；$P_{\mathrm{ratio},j}$ 为第 j 机架轧制功率占最大功率的比率；$k_{P,j}$ 为与机架有关的加权系数。

4.2.3　张力目标函数

在冷连轧过程中，张力具有以下作用：防止轧件跑偏、降低变形抗力和变形功、提升带钢平直度、适当调节主电动机负荷和带钢厚度，因此张力问题是连轧中的核心问题之一。张力目标函数的目的在于使张力设定值 T_j 尽可能地接近 $T_{\mathrm{nom},j}$，目标函数设计为

$$f_T = \frac{\sum_{j=1}^{4}\left[k_{T,j} \cdot \left(\frac{T_j - T_{\mathrm{nom},j}}{T_{\mathrm{delta},j}}\right)^2\right]}{\sum_{j=1}^{4} k_{T,j}} \tag{4.7}$$

其中

$$T_{\mathrm{nom},j} = \frac{T_{\max,j} + T_{\min,j}}{2} \tag{4.8}$$

$$T_{\mathrm{delta},j} = \frac{T_{\max,j} - T_{\min,j}}{2} \tag{4.9}$$

式中：f_T 为张力目标函数；T_j 为第 j 机架与第 $j+1$ 机架间张力设定值；$T_{\max,j}$、$T_{\min,j}$分别为第 j 机架与第 $j+1$ 机架间张力最大、最小值；$k_{T,j}$为与机架有关的加权系数。

4.2.4 板形目标函数

由上面分析可以看出，在薄带钢轧制过程中，最末机架会产生更大的变形抗力，为了提高带钢尺寸精度，保证轧制过程稳定性，对于最末机架把板形良好作为目标函数来考虑。

在以往压下规程的优化设计中，只考虑板凸度或者根据板凸度所确定的总压力值，并没有真正地研究过以板形为优化目标的轧制规程优化问题。由板形控制理论可知，出口带材前张应力横向分布越均匀，板形越好。因此本章用轧件出口的前张应力横向分布表示板形，板形目标函数的目的在于使末机架轧件前张应力横向分布设定值 $\sigma_5(g)$ 尽可能地接近末机架前张应力平均值 $\overline{\sigma}$，建立目标函数为

$$f_\sigma = \sqrt{\frac{1}{m}\sum_{g=1}^{m}[\sigma_5(g) - \overline{\sigma}]^2} \tag{4.10}$$

式中：f_σ 为板形目标函数；m 为带钢与工作辊接触长度的测量段个数；g 为测量段号；$\sigma_5(g)$ 为末机架轧件前张应力横向分布计算值；$\overline{\sigma}$ 为末机架（本书中指第 5 机架）前张应力平均值。

4.2.5 多目标函数的建立

基于以上目标条件，建立了基于功率、张力和板形的综合多目标函数，

目标函数为

$$f_{\text{total}}=\frac{\lambda_P\cdot f_P+\lambda_T\cdot f_T+\lambda_\sigma\cdot f_\sigma}{\lambda_P+\lambda_T+\lambda_\sigma}\tag{4.11}$$

式中：f_{total}为综合多目标函数；λ_P、λ_T、λ_σ 分别为功率目标函数、张力目标函数和板形目标函数的加权系数。

4.2.6　约束条件

1. 轧制力和轧制力矩

轧制力和轧制力矩可分别表示为

$$F_j\leqslant F_{j\max}\tag{4.12}$$

$$M_j\leqslant M_{j\max}\tag{4.13}$$

式中：F_j 为第 j 机架轧制力；$F_{j\max}$ 为第 j 机架允许的最大轧制力；M_j 为第 j 机架轧制力矩；$M_{j\max}$ 为第 j 机架允许的最大轧制力矩。

2. 功率和张力

$$P_j\leqslant P_{j\max}\tag{4.14}$$

$$T_{j\min}\leqslant T_j\leqslant T_{j\max}\tag{4.15}$$

式中：P_j 为第 j 机架功率；$P_{j\max}$ 为第 j 机架电动机额定功率；T_j 为第 j 机架与第 $j+1$ 机架间张力；$T_{j\min}$、$T_{j\max}$ 分别为第 j 机架与第 $j+1$ 机架间允许的张力最小值和最大值。

3. 咬入条件和滑动系数

$$\Delta h_j\leqslant D_j(1-\cos\alpha_j)\tag{4.16}$$

$$S_j\leqslant S_{j\max}\tag{4.17}$$

式中：Δh_j 为第 j 机架压下率；D_j 为第 j 机架工作辊直径；α_j 为第 j 机架咬入角；S_j 为第 j 机架滑动系数；$S_{j\max}$ 为第 j 机架额定滑动系数。

4. 速度和温度

速度和温度可分别表示为

$$v_{\min}\leqslant v\leqslant v_{\max}\tag{4.18}$$

$$r_{j\min}\leqslant r_j\leqslant r_{j\max}\tag{4.19}$$

式中：v 为轧制速度；$v_{\min}$ 为满足生产率要求的末机架轧机最小轧制速度；$v_{\max}$ 为机械系统允许的末机架轧机最大轧制速度；r_j 为带钢在第 j 机架达到的

温度；$r_{j\min}$、$r_{j\max}$为轧制润滑工艺所允许的最低和最高温度。

4.3 基于影响函数法的板形目标函数

4.3.1 影响函数法

影响函数法是一种离散化的方法。它的基本思想是：首先将轧辊离散成若干单元；然后按照相同的单元离散轧辊所承受的载荷及轧辊弹性变形，先确定当单位力作用于各单元时辊身各点处引起的变形，再施加全部载荷，将全部载荷在各单元引起的变形叠加，即可求出各单元的变形值，从而可以确定出口处的厚度分布和张力分布[144-146]。

对各单元序号的编排共有两种方法，如图 4-12 所示。第一种方法是沿辊身全长自右向左排列，共 N 个单元，这种方法用于分析整个辊系各辊之间的力和变形关系；第二种方法是沿左右两半辊身分别由中心向两端排列 $N_2=N/2$，这种方法适用于悬臂梁的变形及单位宽轧制力、断面厚度等对称量的研究。

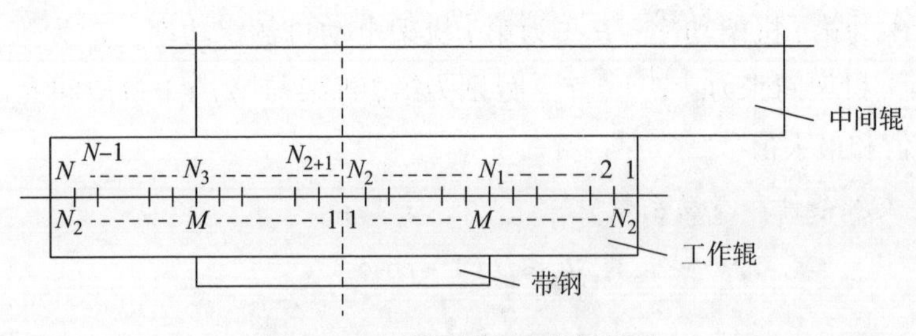

图 4-12　单元划分及序号编排

根据影响函数的概念可以得到如下基本方程。

4.3.1.1 力变形关系方程

1. 工作辊弹性弯曲方程

将工作辊分解为两个悬臂梁，分别求出左、右两部分的挠度：

$$\boldsymbol{Y}_{wL}=\boldsymbol{G}_{w}(\boldsymbol{Q}_{wiL}-\boldsymbol{P}_{L})-\boldsymbol{G}_{wf}\boldsymbol{F}_{w} \tag{4.20}$$

$$\boldsymbol{Y}_{wR}=\boldsymbol{G}_{w}(\boldsymbol{Q}_{wiR}-\boldsymbol{P}_{R})-\boldsymbol{G}_{wf}\boldsymbol{F}_{w} \tag{4.21}$$

式中：$\boldsymbol{Y}_{wL}$、$\boldsymbol{Y}_{wR}$分别为工作辊辊身左、右部分的挠度；$\boldsymbol{G}_w$ 为工作辊弯曲影响函数矩阵，$\boldsymbol{G}_w = \begin{bmatrix} g_w(1,1) & \cdots & g_w(1,N_2) \\ \vdots & \ddots & \vdots \\ g_w(N_2,1) & \cdots & g_w(N_2,N_2) \end{bmatrix}$；$\boldsymbol{Q}_{wiL}$、$\boldsymbol{Q}_{wiR}$分别为工作辊与中间辊间左、右部分的接触压力；$\boldsymbol{P}_L$、$\boldsymbol{P}_R$ 分别为工作辊辊身左、右部分的轧制压力；$\boldsymbol{G}_{wf}$ 为工作辊弯辊力影响函数向量，$\boldsymbol{G}_{wf} = [g_{wf}(1) \quad \cdots \quad g_{wf}(N_2)]^{\mathrm{T}}$；$\boldsymbol{F}_w$ 为工作辊弯辊力。

2. 中间辊弹性弯曲方程

将中间辊分解为两个悬臂梁，分别求出左、右两部分的挠度：

$$\boldsymbol{Y}_{iL} = \boldsymbol{G}_i(\boldsymbol{Q}_{ibL} - \boldsymbol{Q}_{wiL}) - \boldsymbol{G}_{if}\boldsymbol{F}_i \tag{4.22}$$

$$\boldsymbol{Y}_{iR} = \boldsymbol{G}_i(\boldsymbol{Q}_{ibR} - \boldsymbol{Q}_{wiR}) - \boldsymbol{G}_{if}\boldsymbol{F}_i \tag{4.23}$$

式中：$\boldsymbol{Y}_{iL}$、$\boldsymbol{Y}_{iR}$分别为中间辊辊身左、右部分的挠度；$\boldsymbol{G}_i$ 为中间辊弯曲影响函数矩阵，$\boldsymbol{G}_i = \begin{bmatrix} g_i(1,1) & \cdots & g_i(1,N_2) \\ \vdots & \ddots & \vdots \\ g_i(N_2,1) & \cdots & g_i(N_2,N_2) \end{bmatrix}$；$\boldsymbol{Q}_{ibL}$、$\boldsymbol{Q}_{ibR}$分别为中间辊与支撑辊间左、右部分的接触压力；$\boldsymbol{G}_{if}$为中间辊弯辊力影响函数向量，$\boldsymbol{G}_{if} = [g_{if}(1) \quad \cdots \quad g_{if}(N_2)]^{\mathrm{T}}$；$\boldsymbol{F}_i$ 为中间辊弯辊力。

3. 支撑辊弹性弯曲方程

将支撑辊分解为两个悬臂梁，分别求出左、右两部分的挠度：

$$\boldsymbol{Y}_{bL} = \boldsymbol{G}_b\boldsymbol{Q}_{ibL} \tag{4.24}$$

$$\boldsymbol{Y}_{bR} = \boldsymbol{G}_b\boldsymbol{Q}_{ibR} \tag{4.25}$$

式中：$\boldsymbol{Y}_{bL}$、$\boldsymbol{Y}_{bR}$分别为支撑辊辊身左、右部分的挠度；$\boldsymbol{G}_b$ 为支撑辊弯曲影响函数矩阵，$\boldsymbol{G}_b = \begin{bmatrix} g_b(1,1) & \cdots & g_b(1,N_2) \\ \vdots & \ddots & \vdots \\ g_b(N_2,1) & \cdots & g_b(N_2,N_2) \end{bmatrix}$。

4. 轧制压力引起的工作辊弹性压扁方程

沿轧件与轧辊接触区的全长求出轧制压力引起的工作辊弹性压扁量，即

$$\boldsymbol{Y}_{ws} = \boldsymbol{G}_{ws}\boldsymbol{F} \tag{4.26}$$

式中：$\boldsymbol{Y}_{ws}$为轧制压力引起的工作辊弹性压扁向量；$\boldsymbol{G}_{ws}$为轧制压力引起的工作辊弹性压扁影响函数矩阵，$\boldsymbol{G}_{ws}=\begin{bmatrix} g_{ws}(N_1,N_1) & \cdots & g_{ws}(N_1,N_3) \\ \vdots & \ddots & \vdots \\ g_{ws}(N_3,N_1) & \cdots & g_{ws}(N_3,N_3) \end{bmatrix}$；$\boldsymbol{F}$为轧制压力向量。

5. 工作辊和中间辊之间的弹性压扁方程

沿工作辊和中间辊接触区的全长求出弹性压扁量，即

$$\boldsymbol{Y}_{wi}=\boldsymbol{G}_{wi}\boldsymbol{Q}_{wi} \tag{4.27}$$

式中：$\boldsymbol{Y}_{wi}$为工作辊和中间辊辊间压力引起的弹性压扁向量；$\boldsymbol{G}_{wi}$为工作辊和中间辊辊间压力引起的弹性压扁影响函数矩阵，$\boldsymbol{G}_{wi}=\begin{bmatrix} g_{wi}(1,1) & \cdots & g_{wi}(1,N) \\ \vdots & \ddots & \vdots \\ g_{wi}(N,1) & \cdots & g_{wi}(N,N) \end{bmatrix}$；$\boldsymbol{Q}_{wi}$为工作辊和中间辊辊间压力向量。

6. 中间辊和支撑辊之间的弹性压扁方程

沿中间辊和支撑辊接触区的全长求出弹性压扁量，即

$$\boldsymbol{Y}_{ib}=\boldsymbol{G}_{ib}\boldsymbol{Q}_{ib} \tag{4.28}$$

式中：$\boldsymbol{Y}_{ib}$为中间辊和支撑辊辊间压力引起的弹性压扁向量；$\boldsymbol{G}_{ib}$为中间辊和支撑辊辊间压力引起的弹性压扁影响函数矩阵，$\boldsymbol{G}_{ib}=\begin{bmatrix} g_{ib}(1,1) & \cdots & g_{ib}(1,N) \\ \vdots & \ddots & \vdots \\ g_{ib}(N,1) & \cdots & g_{ib}(N,N) \end{bmatrix}$；$\boldsymbol{Q}_{ib}$为中间辊和支撑辊辊间压力向量。

4.3.1.2 平衡方程

1. 工作辊平衡方程

用工作辊在垂直方向上的受力平衡，可以建立工作辊平衡方程：

$$\sum_{n=N_1}^{N_3} p(n)+2F_w=\sum_{u=1}^{N_3} q_{wi}(u) \tag{4.29}$$

式中：$p(n)$ 为第 n 测量段的轧制力；$q_{wi}(u)$ 为 u 单元的工作辊与中间辊之间的辊间压力；N_1为工作辊与中间辊非接触长度一半的测量段个数（等于中

间辊与支撑辊非接触长度一半的测量段个数）；N_3 为工作辊与中间辊接触长度的测量段个数（等于中间辊与支撑辊接触长度的测量段个数）；n、u 为测量段号。

2. 中间辊平衡方程

用中间辊在垂直方向上的受力平衡，可以建立中间辊平衡方程：

$$\sum_{u=1}^{N_3} q_{wi}(u) + 2F_i = \sum_{v=1}^{N_3} q_{ib}(v) \tag{4.30}$$

式中：$q_{ib}(v)$ 为 v 单元的中间辊与支撑辊之间的辊间压力，v 为测量段号。

4.3.1.3 变形协调关系方程

1. 轧件和工作辊之间的变形协调方程

轧件和工作辊之间的变形协调方程为

$$\boldsymbol{H} = \boldsymbol{H}_0 + (\boldsymbol{Y}_{ws} - \boldsymbol{Y}_{ws0}) - \boldsymbol{Y}_w + \boldsymbol{M}_w \tag{4.31}$$

式中：$\boldsymbol{H}$ 为轧件轧后在过中心点的水平线以上的高度，$\boldsymbol{H} = [h(N_1) \quad \cdots \quad h(N_3)]^{\mathrm{T}}$；$\boldsymbol{H}_0$ 为中心点处轧件轧后高度的 1/2，$\boldsymbol{H}_0 = [\underbrace{h(0) \quad \cdots \quad h(0)}_{N_3 - N_1}]^{\mathrm{T}}$；$\boldsymbol{Y}_{ws0}$ 为中心点处轧制压力引起的工作辊弹性压扁量，$\boldsymbol{Y}_{ws0} = [\underbrace{y_{ws}(0) \quad \cdots \quad y_{ws}(0)}_{N_3 - N_1}]^{\mathrm{T}}$；$\boldsymbol{Y}_w$ 为工作辊辊身全长的挠度；$\boldsymbol{M}_w$ 为工作辊凸度，$\boldsymbol{M}_w = [m_w(N_1) \quad \cdots \quad m_w(N_3)]$。

2. 工作辊和中间辊之间的变形协调方程

工作辊和中间辊之间的变形协调方程为

$$\boldsymbol{Y}_{wi} = \boldsymbol{Y}_{wi0} + \boldsymbol{Y}_i - \boldsymbol{Y}_w - \overline{\boldsymbol{M}'}_w - \boldsymbol{M}_i \tag{4.32}$$

式中：$\boldsymbol{Y}_{wi0}$ 为中心点处工作辊和中间辊之间的辊间压力引起的弹性压扁量，$\boldsymbol{Y}_{wi0} = [\underbrace{y_{wi}(0) \quad \cdots \quad y_{wi}(0)}_{N}]^{\mathrm{T}}$；$\boldsymbol{Y}_i$ 为中间辊辊身全长的挠度；$\overline{\boldsymbol{M}'}_w$ 为工作辊凸度，$\overline{\boldsymbol{M}'}_w = [m_w(1) \quad \cdots \quad m_w(N)]$；$\boldsymbol{M}_i$ 为中间辊凸度，$\boldsymbol{M}_i = [m_i(1) \quad \cdots \quad m_i(N)]$。

3. 中间辊和支撑辊之间的变形协调方程

中间辊和支撑辊之间的变形协调方程为

$$\boldsymbol{Y}_{ib}=\boldsymbol{Y}_{ib0}+\boldsymbol{Y}_{b}-\boldsymbol{Y}_{i}-\boldsymbol{M}_{i}-\boldsymbol{M}_{b} \tag{4.33}$$

式中：$\boldsymbol{Y}_{ib0}$为中心点处中间辊和支撑辊之间的辊间压力引起的弹性压扁量，$\boldsymbol{Y}_{ib0}=\underbrace{[y_{ib}(0)\quad\cdots\quad y_{ib}(0)]^{\mathrm{T}}}_{N}$；$\boldsymbol{M}_b$ 为支撑辊凸度，$\boldsymbol{M}_b=[m_b(1)\quad\cdots\quad m_b(N)]$。

4.3.2 张应力计算

基于上述基本方程，再采用相应的轧制力公式，可以用迭代算法计算出轧辊弹性变形，进而求出前张应力分布。前张应力计算流程如图 4-13 所示，当工作辊与中间辊的辊间压力迭代环满足迭代精度β_1、工作辊与中间辊的辊间压扁量迭代环满足迭代精度β_2、中间辊与支撑辊的辊间压力迭代环满足迭代精度β_3、中间辊与支撑辊的辊间压扁量迭代环满足迭代精度β_4、带钢厚度迭代环满足迭代精度 β_5 时，即可计算出前张应力的实际分布。

该流程图的基本思想是：假设张应力延横向均布，其值等于平均张应力。当均布张应力计算的板断面已经满足收敛精度时，转向张应力计算，按实际轧件断面计算张应力分布，直到板断面分布满足收敛精度为止。基于影响函数法的张应力分布计算步骤如下。

（1）根据已知厚度和横向流动系数计算纵向应变偏差 $\Delta\tilde{\omega}(g)$。

（2）根据式 $\sigma'(g)=E_P[\overline{\Delta\tilde{\omega}}+\eta\Delta\omega(g)]+\overline{\sigma}'$计算前张应力。其中，$E_P$为轧件的弹性模量；$\Delta\omega(g)$ 为 g 单元的高向应变偏差；$\eta=-\Delta\tilde{\omega}/\Delta\omega$；$\overline{\sigma}'$为平均张应力。

（3）置 $g=1$。

（4）判断计算的前张应力 $\sigma'(g)$ 是否小于发生翘曲的临界应力 σ_0。若 $\sigma'(g)<\sigma_0$，则 $\sigma'(g)=0$；若 $\sigma'(g)\geqslant\sigma_0$，则保存该值。

（5）判断 $g=m$ 是否成立。若不成立，则令 $g=g+1$，转向（4）；若成立，则计算张应力 T。

（6）判断 $T=\sigma'\times hB$ 是否成立。若不成立，则修正张应力分布，转向（3）；若成立，则输出结果。

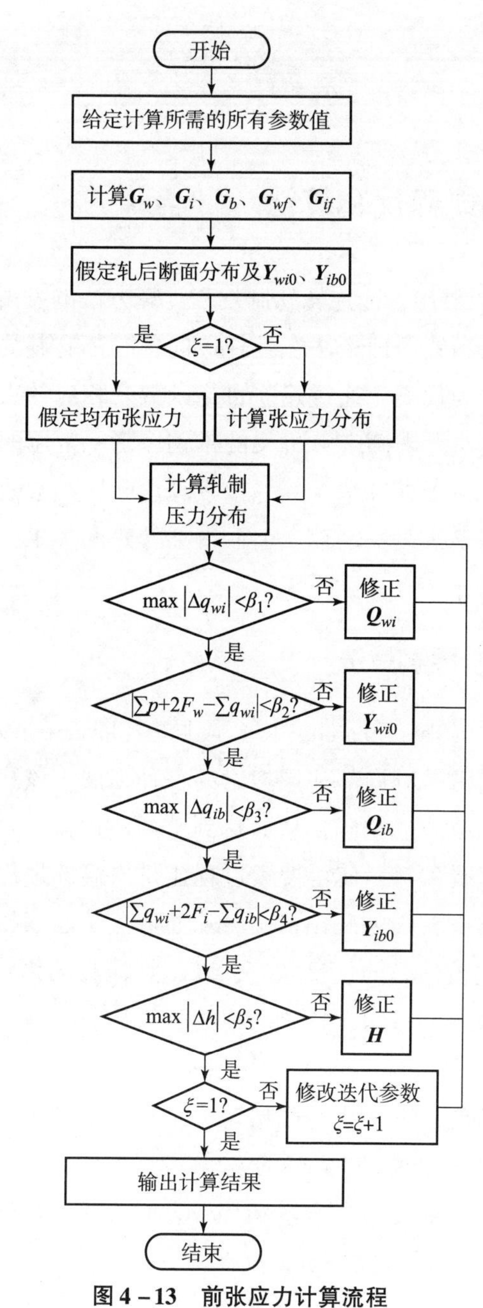

图 4－13　前张应力计算流程

根据前张应力分布 $\sigma'(g)$，即可求出末机架前张应力平均值 $\overline{\sigma}$，即

$$\overline{\sigma} = \frac{\sum_{g=1}^{m} \sigma'(g)}{m} \tag{4.34}$$

4.4 轧制规程优化算法

由表4-1可以看出，冷连轧轧制规程计算方法的发展大致经历了3个阶段，经验分配法和轧制理论法在处理该问题时都有其局限性。优化计算法以目标优化函数为代表，通过建立目标函数及相应约束条件，并在寻优过程中使用优化算法，来确定各机架的带钢厚度。常用的轧制规程优化算法包括遗传算法、粒子群算法、禁忌搜索算法和罚函数法等，这些方法克服了传统方法的不足，在一定程度上取得了较好的效果，因此目标优化计算方法是轧制规程计算的发展趋势。

4.4.1 禁忌搜索算法

禁忌搜索算法（Tabu Search，TS）最早由Glover在1986年提出，它是一种智能随机算法，是对局部邻域搜索的一种拓展。该算法在搜索过程中可以克服易于早熟收敛的缺陷，从而达到全局最优化。它的主要思想是在搜索过程中可以接受劣解，使得搜索过程能跳出局部最优解进而转向其他区域进行搜索，具有较强的爬山能力，从而避免了迂回搜索。同时通过特赦准则来释放一些被禁忌的优良状态，以达到提高优化效率，保证搜索过程的多样性和有效性的目的，特赦准则的引入显著提高了获得更好解或全局最优解的概率[147,148]。

禁忌搜索算法的计算过程是先给定一个初始解和一种邻域结构，然后在初始解的邻域结构中确定出若干候选解；当最佳候选解对应的目标函数与已保留的最好解对应的目标函数相比较好时，忽视最佳候选解的禁忌特性，并用其替换当前解和最好解，修改禁忌表；当上述候选解不存在时，选取候选解中非禁忌的最好解，无视它与当前解的优劣，使其成为新的当前解，修改禁忌表。如此反复执行搜索操作，直至满足停止准则。影响禁

忌搜索算法性能的关键环节包括邻域结构、禁忌长度、禁忌对象、特赦准则和终止准则，其各自功能见表4－3。

表4－3　TS算法组成及功能

项　目	功　能
邻域结构	决定了当前解的候选解产生形式和数目以及各个解之间的关系
禁忌长度	决定禁忌对象的禁忌时间，其大小直接影响整个算法的搜索进程和行为
禁忌对象	体现了算法避免迂回搜索的特点
特赦准则	可以避免优良状态的遗失，是对优良状态的奖励及对禁忌策略的放松，是实现全局优化的关键步骤
终止准则	合理的终止准则可以使算法具有优良的性能或时间性能

4.4.1.1　邻域结构

邻域结构与局部最优和全局最优密切相关，若邻域结构选择不当将使算法陷入局部最小，而无法实现全局最优，进而影响算法性能。

本章中将邻域结构的表示形式设置为$[-\xi \boldsymbol{x}, +\xi \boldsymbol{x}]$，其中$\xi$为一个数值很小的常数，通常根据经验选定，优化问题特性的不同将导致ξ形式的不同。

由于优化变量为一个同时包含厚度和张力的八维向量，因此针对厚度和张力设置不同的ξ适应厚度和张力数量级上的差异。同时，针对不同的钢种、规格也要设置不同的ξ以满足搜索过程的需要。

邻域中候选解的产生流程如下。

（1）根据案例推理技术获得初始解$\boldsymbol{x}_0=(h_{10}, h_{20}, h_{30}, h_{40}, T_{10}, T_{20}, T_{30}, T_{40})^{\mathrm{T}}$，选定$\xi_h$和$\xi_T$。

（2）将－1，0，1三个数随机组合成一个八维向量$\boldsymbol{\varphi}$，则候选解可以表示为$\boldsymbol{x}'=\boldsymbol{x}_0+\xi \boldsymbol{x}_0 \boldsymbol{\varphi}$。

假设生成的八维向量$\boldsymbol{\varphi}=(0,-1,1,1,-1,0,0,1)$，则根据上述流程计

算得到的候选解 $\boldsymbol{x}'=(h_{10},h_{20}-\xi_h h_{20},h_{30}+\xi_h h_{30},h_{40}+\xi_h h_{40},T_{10}-\xi_T T_{10},T_{20},T_{30},T_{40}+\xi_T T_{40})^{\mathrm{T}}$。重复以上过程则可以得到需要数目的候选解，这一方法简单实用，编程易于实现，并且保证了候选解在邻域中的覆盖面。

4.4.1.2 禁忌表

禁忌表实现了算法禁止重复前面动作的特点，使邻域搜索可以尽可能避开已搜索到的局部最优解。禁忌表包含两个主要指标，即禁忌对象和禁忌长度。

本章中选取最近搜索过的解作为禁忌对象，当候选解满足禁忌表但不满足特赦准则时将不能替代当前解，进而使搜索转向更大的区域。同时设置动态禁忌长度，初始搜索时给定一个较小的值，而后根据实际情况动态增加禁忌长度。当某一个解对应的最佳目标值出现的频率很高，超过一个给定值时，可终止计算，将其作为最终获得的最优解。

4.4.1.3 特赦准则

在搜索过程中，有可能存在当前解的邻域内所有元素都被禁忌或者一个被禁忌的候选解优于当前最优解的情况，此时需要建立特赦准则来保证这些优良状态不被遗漏。本章中将特赦准则设置为选取目标值优于当前最优解的禁忌候选解成为新的当前最优解。

4.4.2 基于案例推理的初始解选择

和许多进化算法一样，TS 算法对初始解的依赖性很强，良好的初始解将加快算法搜索，而较差的初始解会影响算法的收敛速率。在以往禁忌搜索算法使用的过程中，由于初始解随机产生，将降低算法的求解质量和搜索效率，甚至不能达到最优解，因此本章采用案例推理技术（Case - Based Reasoning，CBR）来获得高质量的禁忌搜索初始解，使搜索可以很快地达到最优解。

案例推理技术是一种模拟人类类比思维的推理方法，它通过遍访案例库中同类案例的解决方法来获取当前问题的解[149]。本章提出的案例推理 - 禁忌搜索混合算法（CBRTS），通过案例推理技术获得禁忌搜索算法的初始解，实现两种算法的优势互补，进而改善了禁忌搜索算法的求解质量和搜索效率。

案例推理的基本思想是将历史案例全部保存到案例库中。在采用案例推理技术获得禁忌搜索算法初始解时，将首先在案例库中寻找相似的问题，从过去的相似问题中取出解，并把它作为求解实际问题解的起点，通过适应性修改而获得新问题的解。通过案例推理获得禁忌搜索算法的初始解，可以起到缩短计算时间，提高计算效率的作用。

案例推理可分为以下5个步骤：案例的构造、案例的检索、案例的重用、案例的修正及案例的保存，其工作过程如图4－14所示。

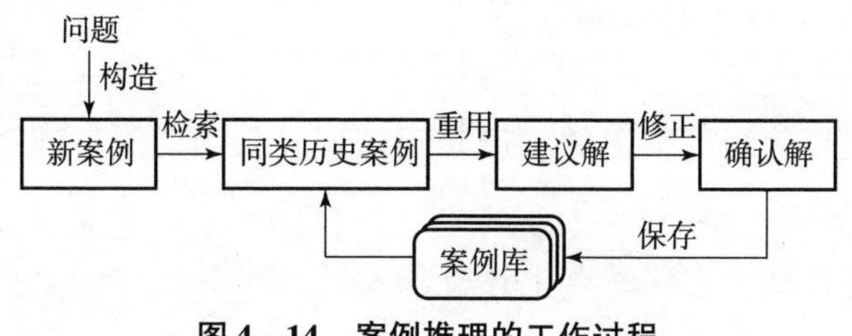

图4－14　案例推理的工作过程

4.4.2.1　案例的构造

案例的构造即以一定的结构在案例中存储相关信息，它决定了实际问题向案例的转换方式，同时也在很大程度上影响着案例推理的效率。

将冷连轧轧制过程的工况按一定的结构进行组织并构造成案例的形式存储于案例库中，在冷连轧轧制规程多目标优化计算时，系统提取当前运行工况的描述特征，并根据这一特征在案例库中检索与之相类似的历史案例。

案例的构造应包括问题描述（案例发生时的状态）、解描述（案例的解决方案）和效果描述（应用解决方案后的状态）三部分，如表4－4所示。

4.4.2.2　案例的检索

案例的检索是在案例库中找到与新的问题描述最为相似的案例。对于案例推理系统，一般不存在精确匹配的案例，所以需要用启发式的方法来约束并指导搜索。常用的案例检索方法有以下几种：归纳法、模板检索法、最近相邻法和知识导引法。这些方法既可以单独使用也可以组合使用。

表 4-4　案例的构造

案例项	案例描述	解描述
问题描述	主数据：钢种、来料厚度、成品厚度、成品厚度公差、成品宽度、来料重量、来料长度、来料外径、来料凸度 过程数据：轧制策略、单位宽度轧制力、张力级别、张力曲线、板形曲线、下道工序	禁忌搜索算法初始解
效果描述	带钢厚度偏差 < 2% 带钢板形偏差 < 8I 带钢厚度及板形合格率 > 98%	

根据冷连轧轧制过程中的生产实际情况，采用两级过滤法来进行案例的检索。首先在第一级过滤时，钢种、来料厚度、成品厚度、成品宽度及轧制策略具有最高优先级。若上述五项不能完全相等，则直接结束案例推理。在满足第一级过滤的条件下，对其他工况进行第二级过滤。对于主数据及过程数据完全满足索引要求的案例，将进行指标判定，若符合判定条件，则直接进行案例的重用；对于不能完全满足索引要求的案例也进行指标判定筛选，对符合判定条件的案例再进行案例的修正。

4.4.2.3　案例的重用

案例的重用即采用解决旧案例的经验来解决新的问题。对于简单的系统，新案例可以直接使用在案例库中检索到的解决方案。但是，大多数情况下，案例库中检索不到与新案例完全匹配的历史案例。

对于上述筛选出的案例，若完全满足两级过滤，则选取带钢厚度及板形偏差最小、厚度及板形合格率最高的案例进行直接重用；若未能完全满足两级过滤，但是满足指标判定的案例，也选取厚度及板形偏差最小、厚度及板形合格率最高的案例经过案例的修正后再进行案例的重用。

4.4.2.4　案例的修正

案例的修正即对案例解决方案的调整。在案例的重用无法得到满意的解时，则需要根据具体的环境对不合格的解决方案进行修正，修正后的案例会契合于应用领域的需求。

案例的修正是案例推理的难点，传统的案例修正方法有参数调整、派生重演、重实例化及模型引导等。本章中采用了一种新的案例自修正方法，与传统方法相比，这种修正方法几乎不需要依赖领域知识[150]。其修正思路是：先从案例库中检索出最相似的案例，根据检索的案例和目标案例之间的差异，对案例库进行聚类分析，得出一个新案例库，从中再次检索出和第一次检索出的案例最相似的案例。如果第一次检索失败了，这种方法还可以根据失败的原因，再次检索出一个案例。这点是传统的案例修正方法无法做到的，因此新的案例自修正方法提高了案例推理的有效性和正确度。

案例自修正的步骤如下。

（1）假设案例库为 Z，当前案例为 X。先从案例库 Z 中检索出和 X 最相似的案例 Y。

（2）比较 Y 和 X，找出 Y 和 X 之间特征的差异。假设 X 有 p 个特征属性。其中 i（$0 \leqslant i \leqslant p$）个特征属性存在差异。如果 $i=0$，表示没有差异，算法结束。

（3）根据这些差异特征 q_1，q_2，…，q_i，对案例库进行聚类。针对每一个特征，从案例库 Z 中找到和 X 中该特征的值相同的案例，将其聚成一类。这样可以得到分类 $q_1(Z)$，$q_2(Z),\cdots,q_i(Z)$。它们构成一个新案例库 Z_{new}。

（4）从 Z_{new} 中检索出和 Y 最相似的案例，即为最终解决方案。

4.4.2.5　案例的保存

案例的保存即把处理完的案例存放到案例库中，以便日后碰到类似的问题可以重用该案例。通过案例的保存，案例库的覆盖度将逐渐提高，从而使得检索到相似案例的概率也随之提高。

案例修正后，新的问题如果获得了正确的结果，则需要进行案例库的更新。当筛选出的案例与新案例的相似程度较低时，需要新建一个案例并进行案例的存储。但是，当二者非常接近时，只需要保存调整后案例的一小部分即可。随着案例库中积累了越来越多的案例，其解决问题和学习的能力也会越来越强。

4.4.3　计算流程

基于案例推理技术的禁忌搜索算法计算流程如图 4－15 所示。

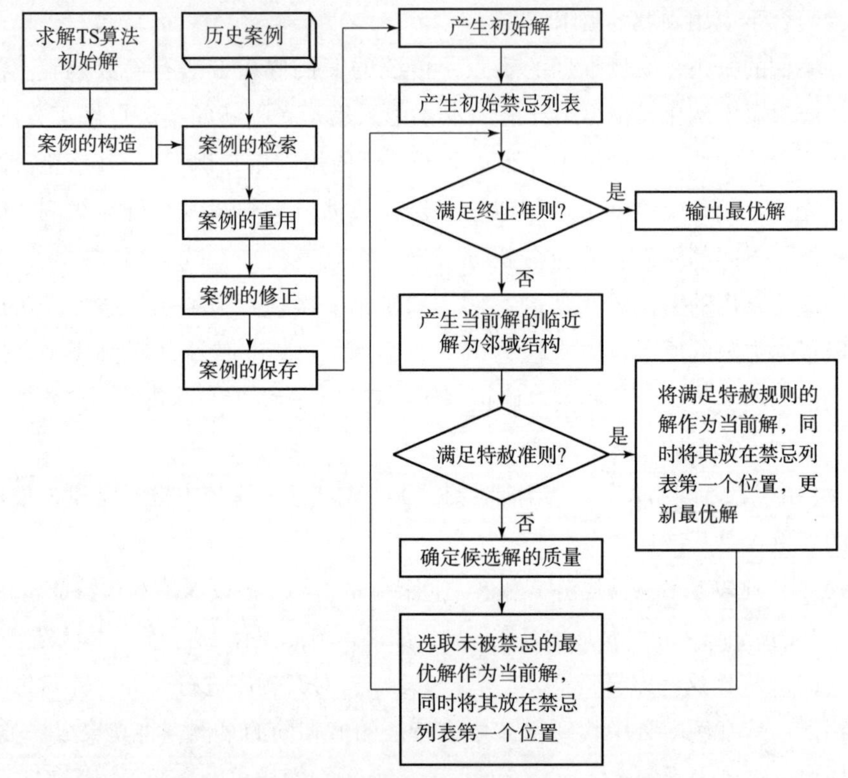

图 4－15　基于案例推理的禁忌搜索算法计算流程

4.5　规程优化设计的实现

4.5.1　优化变量的选择

对于五机架冷连轧机来说，第一机架入口厚度 h_0、入口张力 T_0 以及第五机架出口厚度 h_5、出口张力 T_5 是按照经验值给定。因此，选择各机架间厚度以及张力共 8 个变量进行优化，由此得到优化变量为

$$\boldsymbol{x}=(h_1,h_2,h_3,h_4,T_1,T_2,T_3,T_4)^{\mathrm{T}} \tag{4.35}$$

式中：$\boldsymbol{x}$ 为优化向量；h_1，h_2，h_3，h_4 为机架间厚度；T_1，T_2，T_3，T_4 为机架间张力。

根据得到的各机架间厚度及张力，即可以根据轧制模型计算各机架的轧制力、功率等参数。轧制规程计算流程如图 4－16 所示。

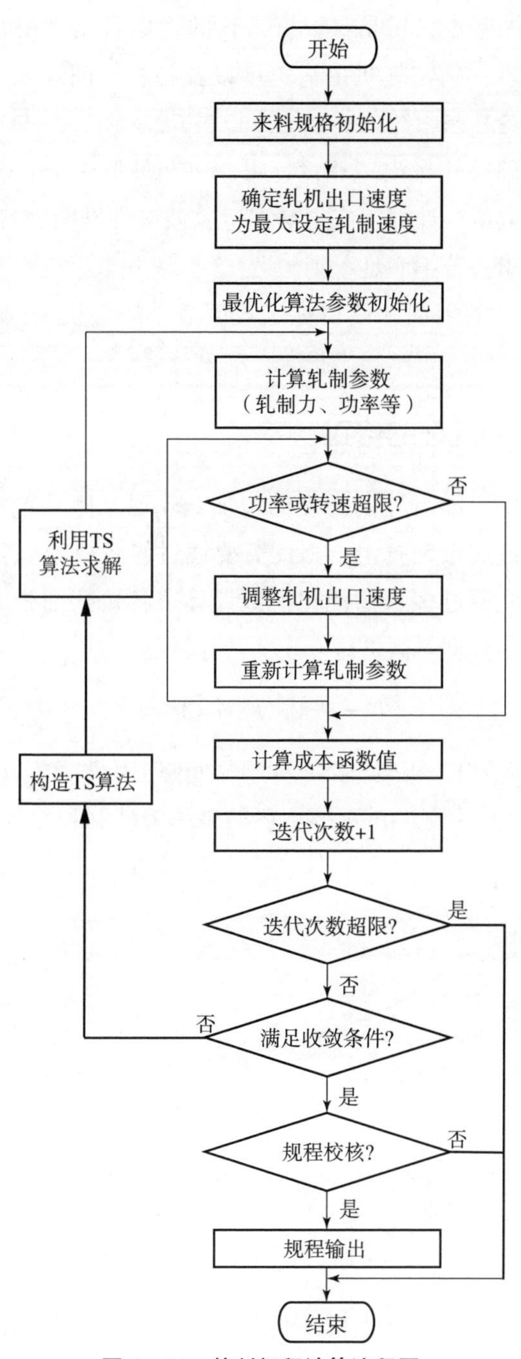

图 4－16　轧制规程计算流程图

该优化设计的基本思想是：根据来料的初始数据，在满足设备要求和工艺要求的基础上，确定轧机出口速度以及各机架间厚度、张力，根据已知数据初次计算各轧制参数（轧制力、电机功率等），判断功率或转速是否超限，若超限则调整轧机出口速度，重新进行轧制参数计算，满足限制条件后计算目标函数值，计算完成之后进行收敛条件判断，若满足收敛条件，则校核规程并输出；若不满足，则构造 TS 算法并重新进行迭代计算，直至求出满足约束条件的限制并使目标函数值最小的各机架间厚度及张力值，进行规程校核并输出；否则给出报警，结束计算。

4.5.2 张力规程的修正

冷连轧过程中，随着轧制长度的增加，轧辊摩擦系数减小，轧制力也随之减小，这将造成带钢打滑，因此需要通过修正机架间张力从而对轧制力进行补偿。首先通过多目标优化模型计算出各机架间张力值，然后根据各机架工作辊轧制长度对其进行修正，其计算公式为

$$T_j' = \rho_{j+1} \cdot T_j,\ j = 1 \sim 4 \tag{4.36}$$

式中：T_j'，T_j 分别为第 j 机架与第 $j+1$ 机架间修正后张力值以及模型计算张力值；ρ_{j+1} 为张力修正系数，由第 $j+1$ 机架工作辊轧制长度确定，如图 4－17 所示。

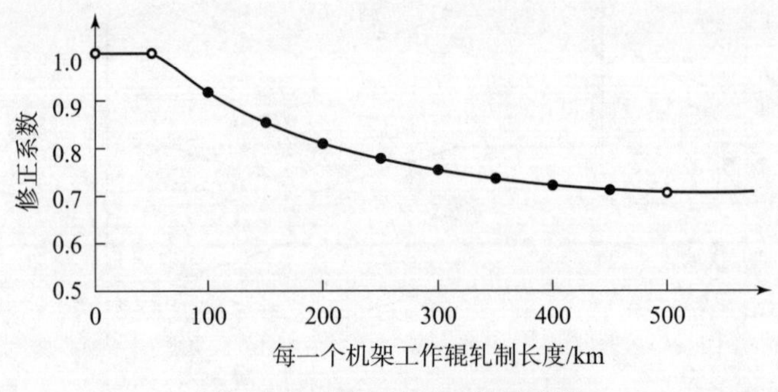

图 4－17　张力修正系数示意图

根据工作辊轧制长度从上图中得到相应的修正系数，再乘以由模型计算出的机架间张力值，即可得到修正后的张力规程。

4.6　现场应用及结果分析

本章提出的多目标函数优化算法已成功应用于某 1 450 mm 五机架冷连轧机组的过程控制系统中。

现场随机抽取一种常规规格带钢和一种极薄规格带钢，其来料主要数据如表 4－5 所示，分别采用传统禁忌搜索（TS）算法和改进的 CBRTS 算法进行轧制规程多目标优化计算，分析两种算法的控制效果。

表 4－5　来料主要数据

钢种	宽度/mm	压下率	轧制策略	位置	厚度/mm	长度/m	外径/mm	质量/t
SPCC	1 000	78%	平整模式	入口	3.50	676	1 885	18.58
				出口	0.76	3 021	1 780	17.95
MRT－2.5	795	89%	压下模式	入口	1.80	1 297	1 870	14.57
				出口	0.20	11 611	1 774	14.08

对于两种带钢，均给定禁忌搜索算法初始值 $\xi_h=0.1$，$\xi_T=0.05$，初始禁忌长度为3，终止频率为5，各目标函数对应的加权系数 $\lambda_P:\lambda_T:\lambda_\sigma=1:1:1$。对两种算法的迭代过程进行比较，如图 4－18 所示，其中图 4－18（a）为常规规格带钢的对比结果，图 4－18（b）为极薄规格带钢的对比结果。

从图 4－18 中可以看出，对于常规规格带钢 SPCC，CBRTS 经过 115 次搜索第一次收敛到最优目标函数值 19.831 73，此后分别于第 261 次、第 303 次、第 441 次和第 500 次收敛于全局最优解；而 TS 经过 209 次搜索第一次收敛到最优目标函数值 20.470 73，此后分别于第 393 次、第 581 次、第 718 次和第 1 000 次收敛于全局最优解；对于极薄规格带钢 MRT－2.5，CBRTS 经过 230 次搜索第一次收敛到最优目标函数值 7.215 3，此后分别于第 274 次、第 310 次、第 348 次和第 378 次收敛于全局最优解；TS 经过 479 次搜索

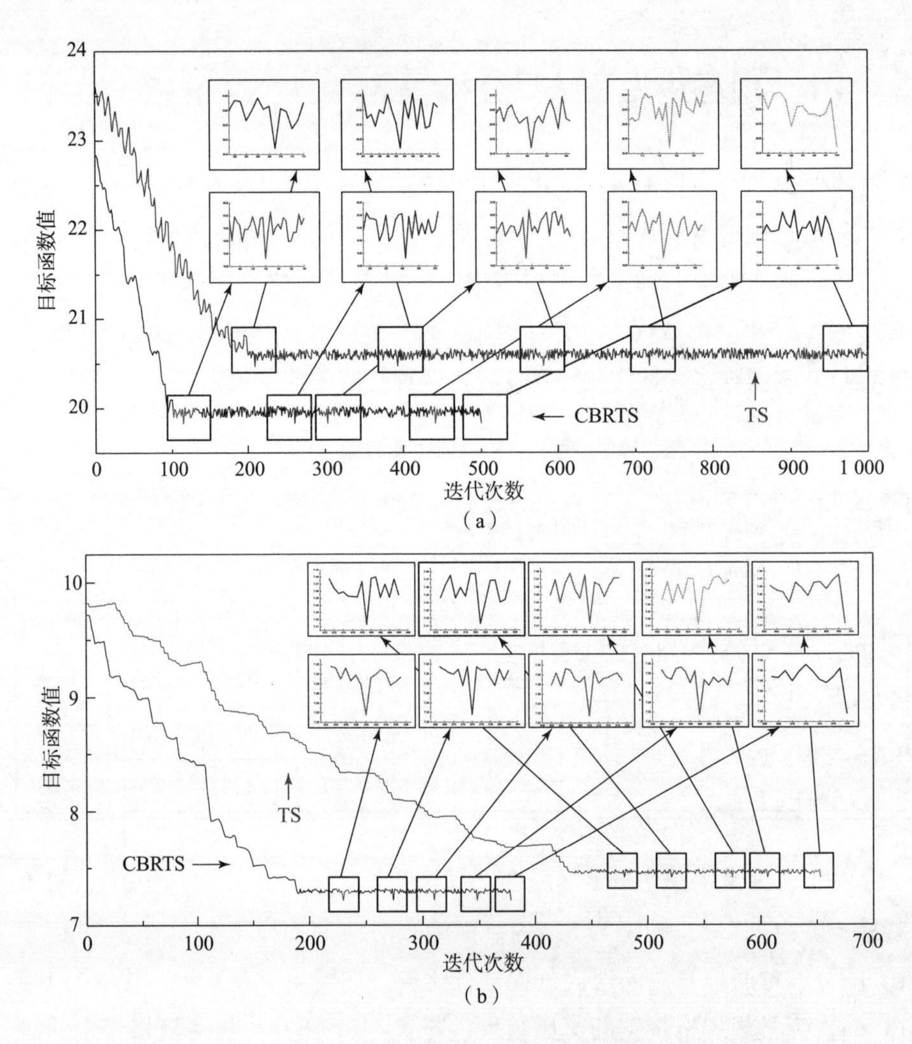

图 4 – 18　两种算法迭代过程比较

(a) SPCC；(b) MRT – 2.5

第一次收敛到最优目标函数值 7.413 27，此后分别于 521 次、第 575 次、第 606 次和第 653 次收敛于全局最优解。分析结果表明，与 TS 相比，CBRTS 具有较快的下降速度，同时 CBRTS 收敛于一个较小的目标函数值，说明其具有更高的控制精度。

将分别采用 TS 和 CBRTS 计算的轧制规程多目标优化结果进行对比，对比结果如表 4 – 6 和表 4 – 7 所示。

表 4－6　轧制规程对比（SPCC）

机架号		厚度 /mm	压下率 /%	张力 /tf	轧制力 /tf	弯辊力 /tf	速度 /(m·min^{-1})	功率 /kW
入口	TS	3.50		18.1				
	CBRTS	3.50		17.0				
1号	TS	2.37	32.29	33.7	822.4	38.9	249	2 406
	CBRTS	2.29	34.57	30.8	846.4	41.6	311	3 297
2号	TS	1.49	37.13	21.5	775.8	67.8	432	4 200
	CBRTS	1.53	33.19	21.3	768.6	67.5	493	4 200
3号	TS	1.05	29.53	14.9	674.3	63.1	624	3 611
	CBRTS	1.07	30.07	15.2	679.1	63.6	705	4 200
4号	TS	0.77	26.67	11.2	660.2	50.2	817	3 098
	CBRTS	0.77	28.04	10.5	691.3	54.7	979	4 200
5号	TS	0.76	1.30	4.2	486.3	14.7	826	1 658
	CBRTS	0.76	1.30	4.2	510.9	15.9	994	1 992

注：1 tf（吨力）$=9.8\times10^3$ N。

表 4－7　轧制规程对比（MRT－2.5）

机架号		厚度 /mm	压下率 /%	张力 /tf	轧制力 /tf	弯辊力 /tf	速度 /(m·min^{-1})	功率 /kW
入口	TS	1.80		8.5				
	CBRTS	1.80		7.9				
1号	TS	1.21	32.78	13.1	628.8	35.9	189	821
	CBRTS	1.19	33.89	11.6	634.9	37.2	212	865
2号	TS	0.72	40.50	8.3	635.9	52.5	298	1 151
	CBRTS	0.74	37.82	8.2	632.9	52.3	347	1 625
3号	TS	0.48	33.33	5.6	626.7	77.6	468	1 279
	CBRTS	0.49	33.78	5.8	627.1	78.0	526	1 781
4号	TS	0.30	37.50	4.0	565.5	58.2	731	1 302
	CBRTS	0.31	36.63	3.8	573.9	60.0	845	2 097
5号	TS	0.20	33.33	1.1	541.3	19.2	1 026	1 978
	CBRTS	0.20	35.48	1.1	545.8	19.5	1 325	2 657

同时为了更直观地进行比较，将两种轧制规程中各机架的压下率、厚度、功率和轧制力的分配情况绘制成如图 4-19 和图 4-20 所示。

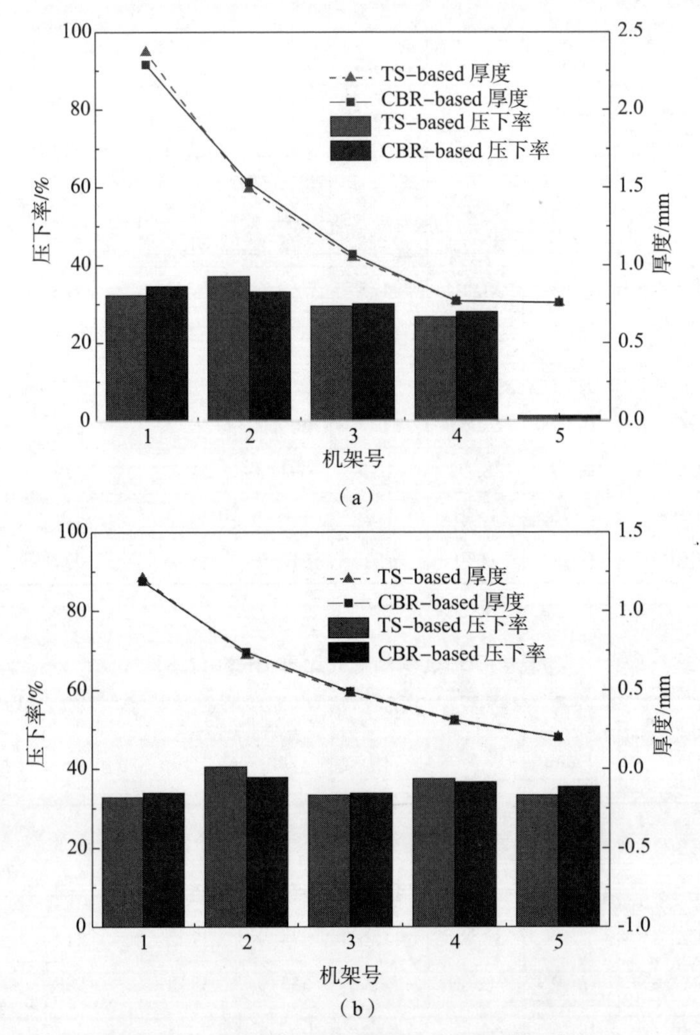

图 4-19　两种轧制规程厚度和压下率分配对比

(a) SPCC；(b) MRT-2.5

通过对比可以看出，CBRTS 与 TS 相比具有更快的收敛速率，CBR 技术的引入大大增强了算法的局部收敛能力和收敛性；同时采用 CBRTS 算法计算的轧制规程合理高效地利用了各机架的电机功率，设定的负荷分配和轧制力分配更加均衡，在满足工艺和设备要求的前提下，充分发挥了设备能力，并且提高了生产效率。

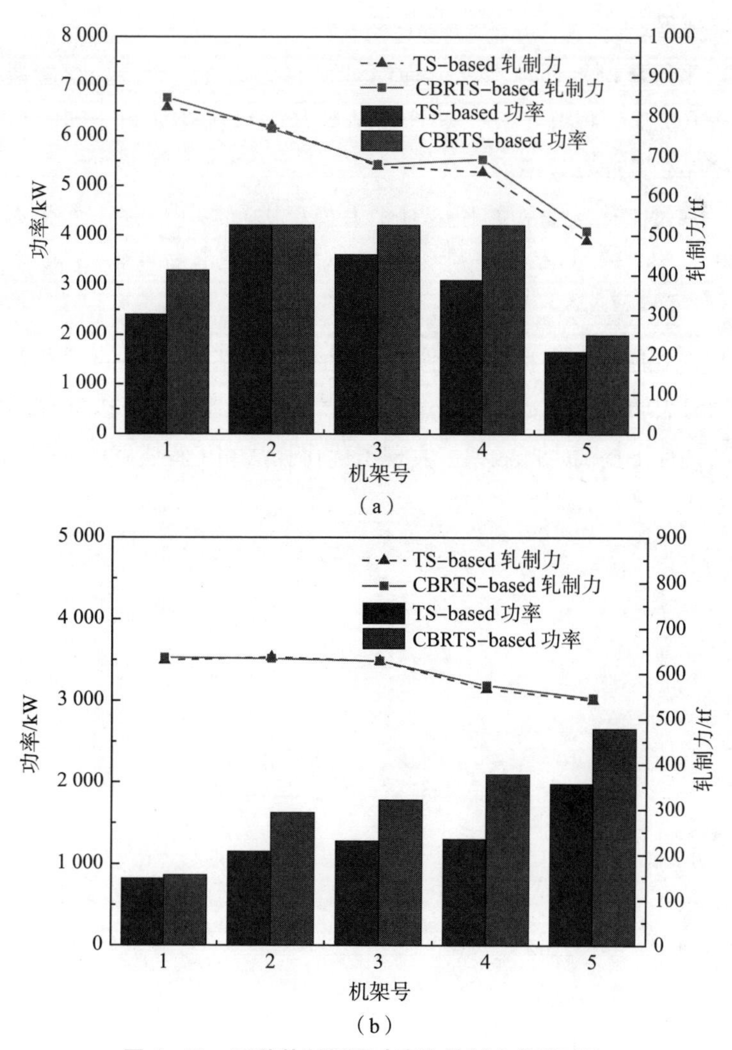

图4-20　两种轧制规程功率和轧制力分配对比

(a) SPCC; (b) MRT-2.5

本章小结

(1) 提出了一种针对薄规格带钢的轧制规程多目标优化算法。建立了基于功率、张力和板形的综合多目标函数并通过影响函数法建立了板形目标函数；采用禁忌搜索算法对多目标函数进行求解，获得了更为合理的薄带钢轧制规程。

（2）采用案例推理技术获得寻优过程的初始解，与传统禁忌搜索算法相比，新方法显著提升了算法的计算精度和全局优化能力，同时缩短了计算时间，提高了计算效率。

（3）通过工作辊的轧制长度对张力规程进行修正。修正的张力可以对轧制力进行补偿，避免了由于轧辊摩擦系数减小而造成带钢打滑现象的发生。

（4）该轧制规程多目标优化算法成功应用于某 1 450 mm 五机架冷连轧机组，结果表明由该多目标优化算法计算出的轧制规程可以在充分发挥设备能力的条件下提高生产效率，实现了优化算法和工程实践的完美结合。

第5章　冷连轧带钢弯辊力预设定研究

热轧原料卷被冷连轧机轧辊咬入之前，板形控制计算机会按照预先选好的目标板形设定板形调控机构的调节量，然后将调节量下发至执行机构，这一过程被称为板形设定控制。如果轧机或机架不包含反馈控制且没有人工干预，则该调节量会从始至终作用于带钢的整个轧制过程。如果轧机或机架包含反馈控制，其在带头被咬入的瞬间至实现稳定轧制的过程中也无法投入，此时需要采用预先设定的调节量来控制带钢在此期间的板形；当反馈控制投入运行时，该调节量又会成为反馈控制的起点和初值[151,152]。由此可见，板形设定控制的精度影响到每一卷带钢的成材率，设定正确与否对反馈控制下板形达到目标值的收敛速度和精度至关重要。因此，板形设定模型的计算精度直接关乎成品带钢的板形质量和轧制过程的稳定性，对轧后带钢良好板形的获得具有重要意义。

在带钢冷连轧生产过程中，板形控制和板厚控制存在着很强的耦合关系，弯辊力变化引起的轧辊辊缝变化会造成轧制力的改变，进而影响带钢出口厚度和出口凸度的控制精度。本章提出了兼顾轧制力的弯辊力预设定控制策略，以考虑弯辊力和轧制力双目标优化为基础建立弯辊力预设定目标函数，并采用多目标智能算法 INSGA－Ⅱ求解该目标函数，成功避免了计算过程中迭代不收敛的风险，保证了板形预设定模型的稳定运行及成品带钢的板形精度。

5.1　板形控制基本手段

板形控制的核心思想是使在线辊缝形状与带钢相貌保持一致，使沿带钢宽度方向上的各个纵条具有相同的延伸，否则就会产生变形不均匀，产生板形缺陷[153]。常见的板形缺陷如图 5 - 1 所示。

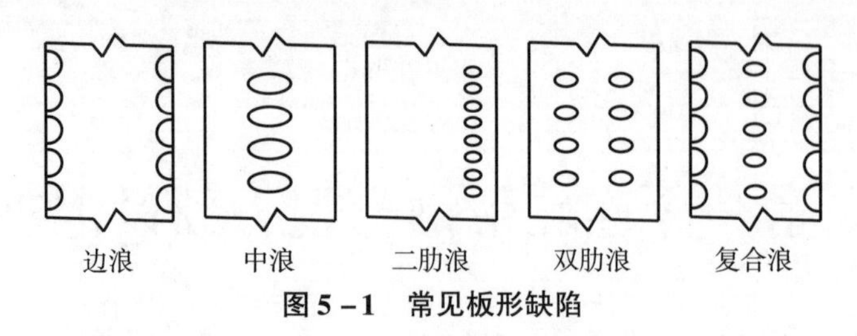

图 5 - 1　常见板形缺陷

板形缺陷产生的原因如下：在冷连轧过程中，由于带钢具有宽厚比较大的特点，使得辊缝的宽度也要比接触弧辊缝的长度大很多，因此带钢质点在辊缝中沿轧制方向的流动要易于宽度方向。由此可以近似认为在冷轧过程中带钢不产生宽展，带钢质点只沿轧制方向延伸。根据体积不变原理，压下量较大的纤维条，其在轧制方向上的延伸也较大。轧件是一个连续体，这将导致压下量较大的纤维条受到来自压下量较小纤维条的牵制，从而受到压应力，同时压下量较小的纤维条受到拉应力，内应力场由此形成。在内应力场中，压应力一旦超过某一限制，压下量较大的纤维条便会处于失稳状态，导致板形缺陷的产生。

对于冷连轧机而言，最主要的板形控制机构有液压弯辊、轧辊横移、轧辊倾斜等[154,155]。

5.1.1　液压弯辊

轧辊辊身在机械力的作用下发生弯曲，进而控制带钢的凸度和平直度的技术被称为弯辊技术。20 世纪 60 年代，液压弯辊概念被首次提出，顾名思义，液压弯辊即使用液压作为动力。液压弯辊技术可以在一定限度内快速改变及连续调整轧辊辊缝，有助于板形自动化控制的实现，因此一经推出便得到迅速的发展，目前液压弯辊已经成为各板带轧机不可缺少的装备。

通常六辊冷连轧机采用的弯辊手段有工作辊弯辊和中间辊弯辊，这两种弯辊手段又有正弯和负弯之分（如图 5 - 2 所示）。轧制力引起的轧辊弯曲方向与弯辊力作用下轧辊弯曲方向相反，称为正弯，此时工作辊凸度增大；轧制力引起的轧辊弯曲方向与弯辊力作用下轧辊弯曲方向相同，称为负弯，此时工作辊凸度减小。

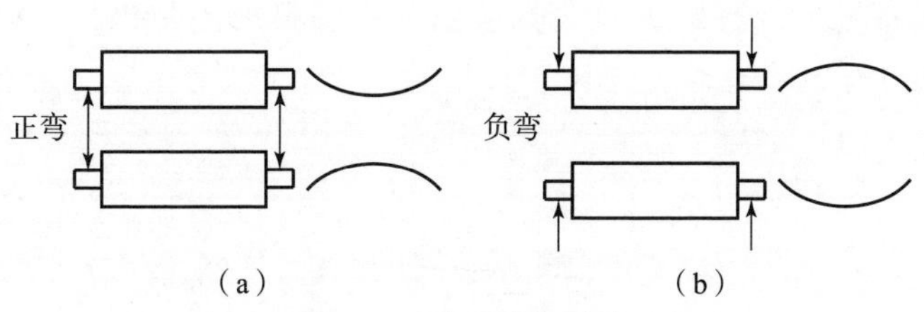

图 5－2　液压弯辊技术

5.1.2　轧辊横移

轧辊横移控制是通过横移液压缸使一对轧辊沿轴向相对移动一段位移。对于一般的四辊轧机来说，工作辊与支撑辊之间存在着一个有害的接触区域，该区域在带钢宽度范围之外，这将导致支撑辊向工作辊额外施加一个弯辊力，使工作辊的挠度增加、弯曲力矩变大，严重阻碍工作辊弯辊能力的发挥，进而影响带钢板形（如图 5－3 所示）。六辊轧机由于中间辊可以横向移动，能够完全消除普通四辊轧机工作辊与支撑辊之间存在的有害弯曲力矩，提高辊缝刚度，改善边部减薄的状况及改变了工作辊的受力状态，从而充分发挥了工作辊的弯辊作用，大大增强了轧机的板形控制能力。

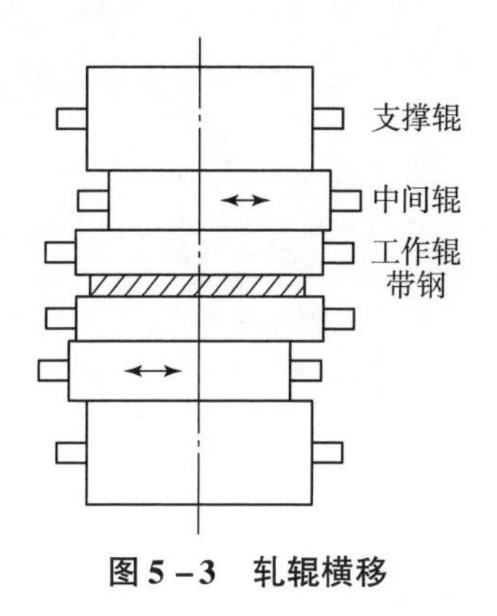

图 5－3　轧辊横移

5.1.3　轧辊倾斜

轧辊倾斜是借助轧机两侧压下机构差动地进行轧辊位置控制，使两侧压下位置不同，从而使辊缝一侧的轧制压力增大，另一侧的轧制压力降低，形成一个楔形辊缝，如图 5－4 所示。轧辊倾斜对带钢单侧浪、镰刀弯等板形缺陷具有很强的纠正能力，尤其适用于来料楔形的带钢，是板形自动控制系统中必不可少的执行机构。

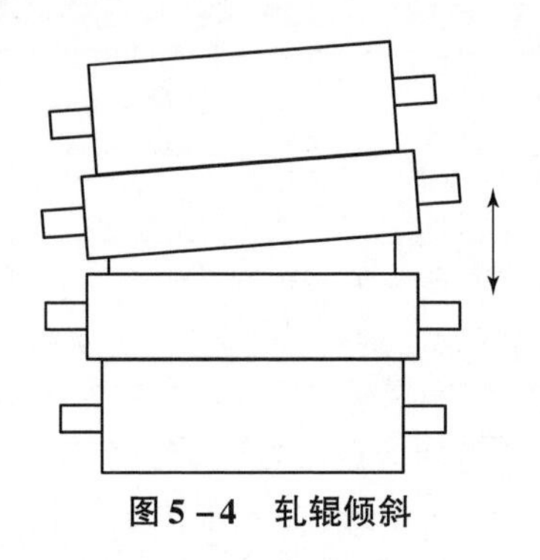

图 5-4　轧辊倾斜

5.2　弯辊力预设定多目标函数的建立

液压弯辊是最普通最有效的板形控制手段，但是弯辊力不是一经设定就一成不变。随着设备参数、轧制工艺的改变，弯辊力需要被不断地修正来提高轧件断面形状和辊缝形状的协调一致性，进而获得拥有良好板形的带钢[156-160]。

罗永军等以具体工业轧机为对象，研究了基于遗传算法的弯辊力预设定控制策略[161]。白金兰等针对某六辊冷轧机，采用影响函数法建立了辊系变形计算模型，并利用该模型结合轧机的板形控制策略，建立了理论和在线两种弯辊力预设定模型[162]。曹建国等基于对液压弯辊装置的研究，建立了辊缝凸度和带钢凸度数学模型，并采用狭缝法建立了某六辊 HC 可逆冷轧机辊系变形模型[163]。孙文权等研究了冷连轧过程中板形板厚的耦合影响关系，建立了板形板厚耦合模型并对其进行解耦设计及仿真分析[164]。但是在预设定控制阶段，由于板形与板厚存在耦合关系，弯辊力的改变会引起轧辊辊缝的变化，影响带钢出口厚度，进而造成轧制力的改变，使实际轧制力与预设定值之间产生偏差，从而导致带钢出口厚度和凸度也偏离目标值。传统的弯辊力预设定模型没有考虑到施加的弯辊力引起的轧制力变化，因此仍然有可能引起板形不良，具有局限性。

基于以上分析，本章创新性地提出一种兼顾板形和板厚的弯辊力预设定模型，以考虑弯辊力和轧制力的双目标优化为基础建立弯辊力预设定目标函数，以获得同时具有良好板形和厚度精度的冷轧产品，为板形预设定模型的投入运行创造了条件。

5.2.1　离散化

以六辊轧机为例，根据轧制的对称性，研究轧机上半部辊系的变形，就可以确定整个轧件的断面形状、轧制压力分布及张应力分布。因此，为提高计算速度，取一半的辊系和带钢进行计算。在计算的过程中，首先将轧辊和带钢沿轴向离散成若干单元，以中心位置为 O 点，从中心向边部编号，如图 5 - 5 所示。

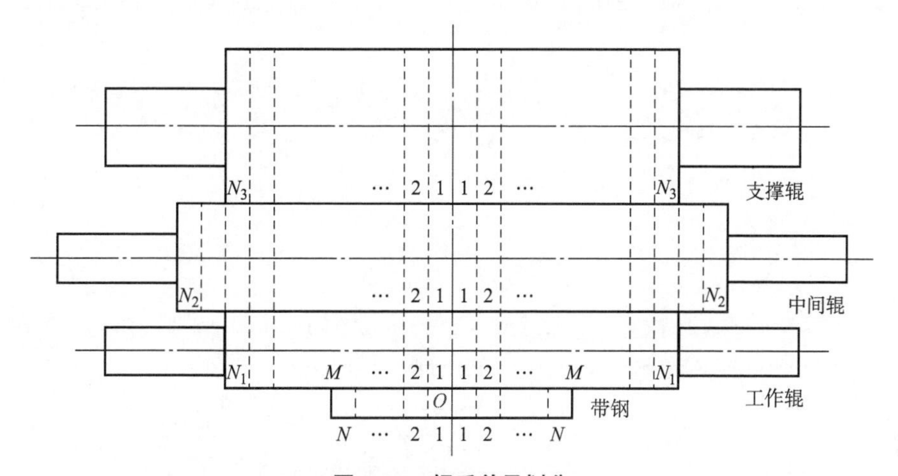

图 5 - 5　辊系单元划分

由于对该轧机不使用轧辊横移及轧辊倾斜等功能，轧辊所承受的载荷及其变形是左右对称的，所以本书中只研究半辊身长。将半辊身长抽象为一个悬臂梁，则轧辊中心为悬臂梁的固定端，辊肩部为其自由端，如图 5 - 6 所示。

将轧辊沿轴向方向分成 n 个单元，各单元中点的序号分别为 1，2，…，n。各单元长度分别为 $\Delta x(i)$，则各单元中点到固定端的距离为

$$x(i) = x(i-1) + \frac{1}{2}[\Delta x(i-1) + \Delta x(i)] \tag{5.1}$$

将作用于轧辊上的单位宽轧制力 $p^*(x)$ 及辊间接触压力 $q^*(x)$ 也按相

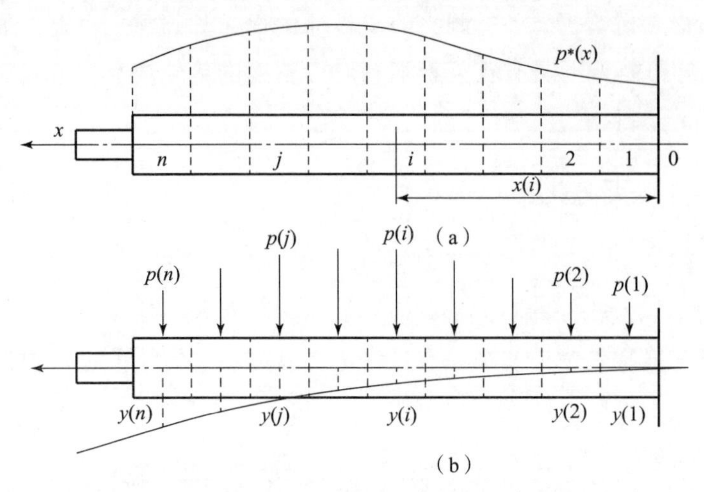

图 5-6　辊身的离散化

同单元离散化并表示成集中力的形式，则作用于 i 单元上的轧制力和辊间接触压力分别为

$$p(i)=\begin{cases}p^{*}[x(i)]\cdot\Delta x(i), & i\leqslant m\\0, & i>m\end{cases}\tag{5.2}$$

$$q(i)=q^{*}[x(i)]\cdot\Delta x(i)\tag{5.3}$$

当 $i\leqslant m$ 时，在板宽范围之内，辊缝中有轧件；当 $i>m$ 时，在板宽范围之外，工作辊互不接触，且辊缝中无轧件。

对于轧辊离散化的任意两个单元 i 和 j，设中点坐标分别为 x_i 和 x_j，j 单元对 i 单元的影响函数为 $g(i,\ j)$。如果在 j 单元上作用力 $p(j)$，则在 i 单元上发生的变形为

$$y_0(i,j)=g(i,j)p(j)\tag{5.4}$$

因此，集中力 $p(1)$，$p(2)$，…，$p(n)$ 引起 i 单元的位移为

$$y(i)=\sum_{j=1}^{n}y_0(i,j)=\sum_{j=1}^{n}g(i,j)p(j),\ i=1\sim n\tag{5.5}$$

式中：$y(i)$ 表示在一系列集中力作用下 i 单元中点所产生的总变形，它既可以用来表示弹性弯曲的挠度，也可以用来表示轧辊的弹性压扁。

5.2.2　辊缝凸度偏差计算

根据影响函数的概念得到工作辊弹性弯曲方程和轧制压力引起的工作

辊弹性压扁方程：

$$\boldsymbol{Y}_W = \boldsymbol{G}_W(\boldsymbol{Q}_{WI} - \boldsymbol{P}) - \boldsymbol{G}_{FW}F_W \tag{5.6}$$

式中：$\boldsymbol{Y}_W$ 为工作辊挠度向量，$\boldsymbol{Y}_W = [y_W(1)y_W(2)\cdots y_W(n)]^{\mathrm{T}}$；$\boldsymbol{G}_W$ 为工作辊弯曲影响函数矩阵，$\boldsymbol{G}_W = \begin{bmatrix} g_W(1,1) & \cdots & g_W(1,n) \\ \vdots & \ddots & \vdots \\ g_W(n,1) & \cdots & g_W(n,n) \end{bmatrix}$；$\boldsymbol{Q}_{WI}$为辊间压力向量，$\boldsymbol{Q}_{WI} = [Q_{WI}(1)Q_{WI}(2)\cdots Q_{WI}(n)]^{\mathrm{T}}$；$\boldsymbol{P}$ 为轧制力向量，$\boldsymbol{P} = [P(1)P(2)\cdots P(n)]^{\mathrm{T}}$；$\boldsymbol{G}_{FW}$为弯辊力影响函数向量，$\boldsymbol{G}_{FW} = [g_{FW}(1)g_{FW}(2)\cdots g_{FW}(n)]^{\mathrm{T}}$；$F_W$ 为弯辊力。

$\boldsymbol{Y}_{WS}$可定义为

$$\boldsymbol{Y}_{WS} = \boldsymbol{G}_{WS}\boldsymbol{P} \tag{5.7}$$

式中：$\boldsymbol{Y}_{WS}$为轧制压力引起的工作辊压扁变形向量，$\boldsymbol{Y}_{WS} = [y_{WS}(1)y_{WS}(2)\cdots y_{WS}(n)]^{\mathrm{T}}$；$\boldsymbol{G}_{WS}$ 为轧制压力引起的工作辊弹性压扁影响函数矩阵，$\boldsymbol{G}_{WS} = \begin{bmatrix} g_{WS}(1,1) & \cdots & g_{WS}(1,n) \\ \vdots & \ddots & \vdots \\ g_{WS}(n,1) & \cdots & g_{WS}(n,n) \end{bmatrix}$。

由卡氏定理得到工作辊弹性弯曲影响函数 $g_W(i,j)$ 以及工作辊弹性压扁影响函数 $g_{WS}(i,j)$：

$$\begin{cases} g_W(i,j) = \dfrac{1}{6E_W I_W}\left[x_j^2(3x_i - x_j) + \dfrac{5}{6}(1 + v_W)D_W^2 x_j\right], & x_i \geqslant x_j \\ g_W(i,j) = \dfrac{1}{6E_W I_W}\left[x_i^2(3x_j - x_i) + \dfrac{5}{6}(1 + v_W)D_W^2 x_i\right], & x_i < x_j \end{cases} \tag{5.8}$$

式中：E_W 为工作辊的弹性模量；I_W 为工作辊的抗弯截面模数；v_W 为工作辊的泊松比；D_W 为工作辊直径。

$g_{WS}(i,\ j)$ 可定义为

$$g_{WS}(i,j) = \phi(x_i - x_j) \tag{5.9}$$

其中

$$\phi(X_i) = \frac{1 - v_W^2}{\pi E_W \Delta x}\cdot\left\{\ln\frac{\sqrt{l_d^2 + \left(X_i + \dfrac{\Delta x}{2}\right)^2} + X_i + \dfrac{\Delta x}{2}}{\sqrt{l_d^2 + \left(X_i - \dfrac{\Delta x}{2}\right)^2} + X_i - \dfrac{\Delta x}{2}}\right.$$

$$
+\frac{X_i+\frac{\Delta x}{2}}{l_d}\ln\frac{\sqrt{l_d^2+\left(X_i+\frac{\Delta x}{2}\right)^2}+l_d}{\left|X_i+\frac{\Delta x}{2}\right|}-\frac{X_i-\frac{\Delta x}{2}}{l_d}\ln\frac{\sqrt{l_d^2+\left(X_i-\frac{\Delta x}{2}\right)^2}+l_d}{\left|X_i-\frac{\Delta x}{2}\right|}
$$

$$
-\frac{1}{2(1-v_W)}\left[\frac{X_i+\frac{\Delta x}{2}}{\sqrt{\left(X_i+\frac{\Delta x}{2}\right)^2+R_W^2}}-\frac{X_i-\frac{\Delta x}{2}}{\sqrt{\left(X_i-\frac{\Delta x}{2}\right)^2+R_W^2}}\right]
$$

$$
\left.-\ln\frac{\sqrt{\left(X_i-\frac{\Delta x}{2}\right)^2+R_W^2}-\left(X_i-\frac{\Delta x}{2}\right)}{\sqrt{\left(X_i+\frac{\Delta x}{2}\right)^2+R_W^2}-\left(X_i+\frac{\Delta x}{2}\right)}\right\} \tag{5.10}
$$

式中：l_d 为接触弧长，$l_d(j)=\sqrt{R_W\left[\Delta h(j)+\frac{16(1-v_W^2)}{\pi E_W}\cdot\frac{P(j)}{\Delta x}\right]}$，$\Delta h(j)$ 为 j 单元轧件的绝对压下量，$\Delta h(j)=H(j)-h(j)$；R_W 为工作辊半径。

同时可以得到工作辊弯辊功效系数 $g_{FW}(i)$ 和中间辊弯辊功效系数$g_{FI}(i)$：

$$
g_{FW}(i)=\frac{1}{6E_WI_W}\left[x_i^2\left(\frac{3}{2}L_W-x_i\right)+\frac{5}{6}(1+v_W)x_iD_W{}^2\right] \tag{5.11}
$$

$$
g_{FI}(i)=\frac{1}{6E_II_I}\left[x_i^2\left(\frac{3}{2}L_I-x_i\right)+\frac{5}{6}(1+v_I)x_iD_I{}^2\right] \tag{5.12}
$$

式中：L_W 为工作辊弯辊液压缸中心距；L_I 为中间辊弯辊液压缸中心距；E_I 为中间辊的弹性模量；v_I 为中间辊的泊松比；D_I 为中间辊直径。

根据工作辊弹性弯曲方程可以得到工作辊挠曲变形位移：

$$
y_W(i)=\sum_{j=1}^{n}g_W(i,j)\left[Q_{WI}(j)-P(j)\right]-g_{FW}(i)F_W \tag{5.13}
$$

根据工作辊弹性压扁方程可以得到工作辊压扁量：

$$
y_{WS}(i)=\sum_{j=1}^{n}g_{WS}(i,j)P(j) \tag{5.14}
$$

利用以上计算结果，实际辊缝凸度可以由下式求出：

$$
C(i)=C_W(i)+y_W(i)+y_{WS}(o)-y_{WS}(i) \tag{5.15}
$$

式中：$C(i)$ 为实际辊缝凸度；$C_W(i)$ 为工作辊初始凸度；$y_W(i)$ 为工作辊挠曲变形位移；$y_{WS}(o)$ 为工作辊中点处的压扁量；$y_{WS}(i)$ 为工作辊压扁量。

则辊缝凸度偏差为

$$\delta C(i)=C(i)-C'(i) \tag{5.16}$$

式中：$\delta C(i)$ 为实际辊缝与目标辊缝凸度偏差；$C'(i)$ 为目标辊缝凸度，由设定计算获得。

工作辊初始凸度需要考虑轧辊热膨胀和轧辊磨损的影响，轧辊膨胀后的直径为

$$D_t(i)=\frac{D_0\sum_{j=0}^{N-1}\alpha[T(i)(j)-T_0(i)(j)]}{N} \tag{5.17}$$

式中：i 为轴向第 i 段（$i=1,2,\cdots,M$），M 为轴向的段数；j 为径向第 j 段（$j=0,1,2,\cdots,N-1$）；D_0 为轧辊初始直径；α 为线性膨胀系数；$T(i)(j)$ 为单元体的温度场；$T_0(i)(j)$ 为单元体的初始温度；N 为径向的层数。

轧辊直径磨损量为

$$\Delta D_{\text{rub}}(i)(k)=m\cdot K_{\text{rub}}\cdot\Delta L(k)\cdot P(i) \tag{5.18}$$

式中：$\Delta D_{\text{rub}}(i)(k)$ 为第 i 段第 k 次计算的轧辊磨损量；i 为轴向第 i 段；k 为第 k 次计算；m 为负荷分段加权修正系数；K_{rub} 为磨损系数；$\Delta L(k)$ 为第 k 次计算到第 $k-1$ 次计算之间轧制的长度；$P(i)$ 为第 i 段的单位长度负载。

5.2.3　传统弯辊力预设定目标函数

在轧制过程中，为了方便计算，将带钢沿着宽度方向划分为38个测量段，并插值为20个特征点。

传统弯辊力预设定以辊缝凸度偏差最小为优化目标，建立目标函数为

$$f_B(F_{FW},F_{FI})=\sum_{i=1}^{n}[\delta C_r(i)-g_{FW}(i)\cdot F_{FW}-g_{FI}(i)\cdot F_{FI}]^2 \tag{5.19}$$

式中：$f_B(F_{FW},F_{FI})$ 为传统弯辊力预设定目标函数；i 为轴向第 i 段；n 为特征点数，$n=20$；$\delta C_r(i)$ 为辊缝凸度偏差；$g_{FW}(i)$ 为工作辊弯辊力功效系数；F_{FW} 为工作辊弯辊预设定值；$g_{FI}(i)$ 为中间辊弯辊力功效系数；F_{FI} 为中间辊弯辊预设定值。

5.2.4 兼顾轧制力的多目标函数

由广义弹跳方程可得轧件出口厚度为

$$h = S + \frac{P - P_0}{C_P} + \frac{2F_W}{C_F} + O_F + G_M \tag{5.20}$$

式中：h 为轧件出口厚度；S 为轧机空载辊缝；P 为轧制力；P_0 为预压靠力；C_P 为轧机弹性刚度；F_W 为弯辊力；C_F 为弯辊力纵向刚度；O_F 为轧制条件下轧辊轴承的油膜厚度；G_M 为轧辊热膨胀及磨损引起的空载辊缝漂移。

轧件出口厚度和入口厚度满足塑性方程：

$$h = H - \frac{P}{Q} \tag{5.21}$$

式中：H 为轧件入口厚度；Q 为轧件塑性刚度。

由式（5.20）和（5.21），可得

$$P = \frac{C_P Q}{C_P + Q}\left(H - S - \frac{2F_W}{C_F} - O_F - G_M + \frac{P_0}{C_P}\right) \tag{5.22}$$

为了便于分析，用增量形式表示式（5.22），可以得到弯辊力调节量引起的轧制力变化量为

$$\Delta P = \frac{C_P Q}{C_P + Q}\left(\Delta H - \Delta S - \frac{2F_W}{C_F}\right) \tag{5.23}$$

式中：ΔP 为轧制力变化量；ΔH 为来料厚度变化量；ΔS 为辊缝变化量。

在中间辊弯辊和工作辊弯辊共同作用下，轧制力变化量目标函数为

$$f_P(F_{FW}, F_{FI}) = \left[\frac{2C_P Q}{C_P + Q}\left(\Delta H - \Delta S - \frac{F_{FW}}{C_{FW}} - \frac{F_{FI}}{C_{FI}}\right)\right]^2 \tag{5.24}$$

式中：$f_P(F_{FW},\ F_{FI})$ 为轧制力变化量目标函数；C_{FW} 为工作辊弯辊纵向刚度；C_{FI} 为中间辊纵向刚度。

考虑弯辊力和轧制力的双目标优化问题，可以描述为

$$\min\left[f_B(F_{FW}, F_{FI}), f_P(F_{FW}, F_{FI})\right]$$
$$\text{s.t.}\begin{cases} F_{FW\min} \leqslant F_{FW} \leqslant F_{FW\max} \\ F_{FI\min} \leqslant F_{FI} \leqslant F_{FI\max} \end{cases} \tag{5.25}$$

式中：$F_{FW\max}$，$F_{FW\min}$ 为工作辊弯辊正、负极限；$F_{FI\max}$，$F_{FI\min}$ 为中间辊弯辊正、负极限。

5.3　多目标智能优化算法

5.3.1　遗传算法

在 20 世纪 60 年代末到 20 世纪 70 年代初这短短几年的时间里，来自美国密歇根大学的 John Holland 教授在其同事、学生们的共同协助下将遗传算法发展为一套较为完整的理论体系和计算方法。自 1980 年起，随着并行计算机不断普及且计算速度大幅度提高，计算机的计算速度已不再是制约遗传算法发展的主要因素，传统人工智能算法的局限性逐渐显现出来。John Holland 教授以解释自然系统中生物复杂的适应过程为切入点，通过模拟生物进化机制建造出人工系统模型，并在随后的二十多年中在理论和实践方面均获得了巨大的进步[165,166]。

随着近几年进化计算的热潮席卷全球以及人工生命研究的兴起，遗传算法被普遍地接受与关注，其在过程控制、工程优化、机器学习、经济预测等方向均获得了成功，引起各领域专家极大的兴趣。

生命的基本特征包括生长、繁殖、新陈代谢和遗传与变异，生命是进化的产物，现代的生物是在长期进化过程中发展起来的。

遗传即人们通常所说的“种瓜得瓜，种豆得豆”，子代根据亲代传递的信息发育、生长，最终其性状将与亲代保持相同或者相似。遗传作为生物的普遍特征保证了物种存在的稳定性。然而子代之间、子代与亲代之间不总是完全相同，这些差异的存在即为变异。变异是随机发生的，变异的累积导致了生命的多样性。自然选择来自繁殖过剩和生存斗争。在生存环境的选择作用和弱肉强食的生存斗争下，适应自然环境的物种得以生存下来，物种的变异朝着适者生存的方向定向地发展，因此其性状也渐渐区别于祖先，最终衍变成新的物种。这种自然选择是一个缓慢、连续且非短期的过程。

现实世界中有许多民族，每个民族都有各自的优缺点。在历史的长河里，通过不断地交流沟通，每个民族打破了自己的平衡态，从而到达各民族之间更高层次的平衡态。

种群由若干染色体带有特征的实体经基因编码后构成，染色体包含多个基因，是遗传物质的主要载体，这些基因的自由组合决定了个体的外观表现。遗传算法即开始于一个可能具有潜在解集的种群。

根据适者生存、优胜劣汰的原理，初代种群会逐代演化，得出更好的近似解，这个过程可以得到与前代种群相比更适应环境的后生代种群。在演化的每一代中，以问题域中个体适应度的大小为依据选择个体，同时通过遗传算子进行组合交叉和变异，得出代表新的解集的种群。最终，寻找到存在于末代种群中的最优个体，将其解码后可获得问题的近似最优解。

遗传算法是模仿生物遗传学和自然选择机理，通过人工方式构造的一类优化搜索算法，是对生物进化过程进行的一种数学仿真，是进化计算的一种最重要的形式。遗传算法的过程如图 5 –7 所示。

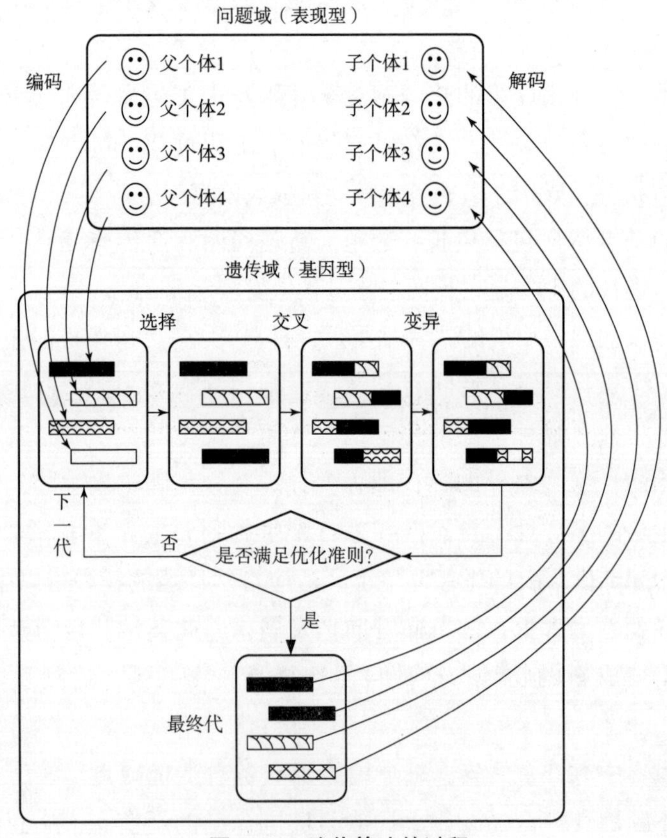

图 5 –7　遗传算法的过程

简单遗传算法的操作主要有 3 种：选择（selection）、交叉（crossover）、变异（mutation）。在遗传算法中，通过随机方式产生若干个所求解问题的数字编码，即染色体，形成初始种群；计算种群中每个个体的适应度值，淘汰低适应度的个体，选择高适应度的个体应用复制、交叉和变异等遗传算子产生下一代种群。再对这个新种群进行下一轮进化，直到满足停止准则。输出种群中适应度值最优的染色体作为问题的解。

5.3.2　多目标优化及 Pareto 最优解

一般地，多目标优化问题可以描述如下：

$$\min\left[f_1(\boldsymbol{x}),f_2(\boldsymbol{x}),\cdots,f_m(\boldsymbol{x})\right]$$
$$\text{s. t.}\begin{cases}l_b\leqslant\boldsymbol{x}\leqslant u_b\\A_{eq}*\boldsymbol{x}=b_{eq}\\A*\boldsymbol{x}\leqslant b\end{cases}\tag{5.26}$$

式中：$f_i(\boldsymbol{x})$ 为待优化的目标函数；$\boldsymbol{x}$ 为待优化的变量；l_b，u_b 分别为变量 $\boldsymbol{x}$ 的下限和上限约束；$A_{eq}*\boldsymbol{x}=b_{eq}$ 为变量 $\boldsymbol{x}$ 的线性等式约束；$A*\boldsymbol{x}\leqslant b$ 为变量 $\boldsymbol{x}$ 的线性不等式约束。

将多目标优化问题的变量可行域记为 S，相应的目标可行域 $Z=f(S)$。给定一个可行点 $x^*\in S$，有 $\forall x\in S$，$f(x^*)\leqslant f(x)$，则 x^* 称为多目标优化问题的绝对最优解。若不存在 $x\in S$，使得 $f(x)<f(x^*)$，则 x^* 称为多目标优化问题的有效解，即 Pareto 最优解（Pareto optimal）。多目标优化算法的目的就是要寻找这些 Pareto 最优解。

5.3.3　基于遗传算法的多目标优化算法

带精英策略的快速非支配排序遗传算法（NSGA－Ⅱ）是一种基于遗传算法的多目标优化算法，是目前应用最为广泛的算法之一[167,168]。在 NSGA－Ⅱ的基础上，提出 INSGA－Ⅱ算法，该算法采用最优前端个体系数表示最优前端中的个体在种群中所占的比例，即最优前端个体数 = min {最优前端个体系数 * 种群大小，前端中现存的个体数目}。最优前端个体系数的引入用来限制第一前端保留的个体数目，当最优前端个体数确定后，通过锦标选择将该前端中的个体数目修剪至保留的个体数目。

INSGA - Ⅱ的运算步骤如下。

(1) 随机产生一个由确定长度的特征字符串组成的初始种群，非支配排序后通过遗传算法的选择、交叉和变异3个基本操作得到第一代子种群。

(2) 从第二代开始，将父代种群与子代种群合并，进行非支配排序，同时计算每个前端中的拥挤距离。

(3) 通过序值和拥挤距离在两倍于种群大小的个体中选择出个数等于种群大小的个体组成新的父代种群。

(4) 通过遗传算法基本操作产生新的子代种群。以此类推，直到满足停止条件。

相应的算法流程如图5-8所示，其中GEN为当前代数。

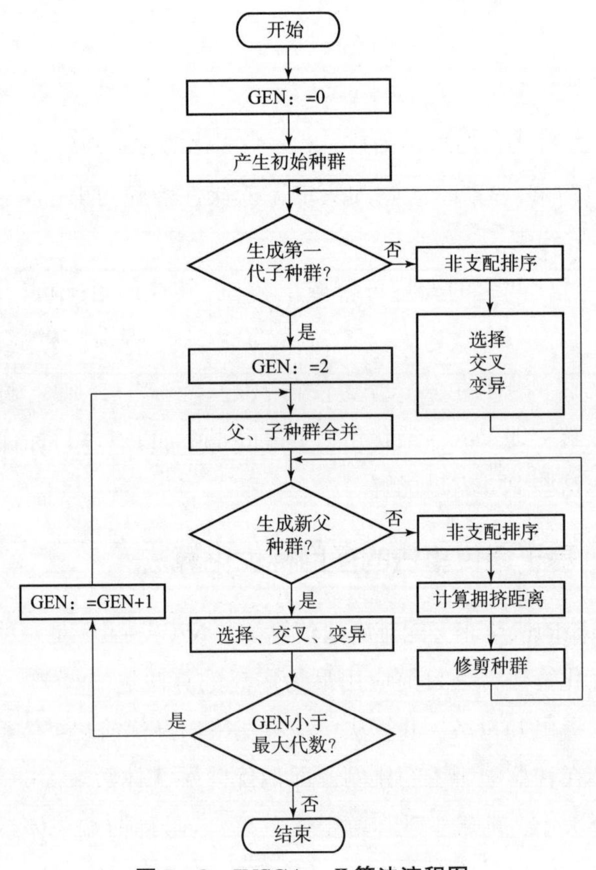

图5-8 INSGA - Ⅱ算法流程图

5.3.3.1　序值计算

在多目标优化问题中，如果个体 p 至少有一个目标比个体 q 的好，而且个体 p 的所有目标都不比个体 q 的差，那么称个体 p 支配个体 q。如果 p 支配 q，则 p 的序值比 q 低；如果 p 和 q 互不支配，则 p 和 q 具有相同的序值。序值为 1 的个体属于第一前端，以此类推。

5.3.3.2　非支配排序

非支配排序的作用是对父、子种群合并后的种群中的个体进行排序。排序过程中，序值从 1 开始，依次加 1，在每一轮排序中，依次将种群中未被排序的个体 p 与其余未被排序的个体 q 进行比较。若个体 q 没有支配个体 p，则个体 p 被赋予当前序值；反之，个体 p 参与下一轮的排序。通过排序，种群中的所有个体被分到了不同的前端，如图 5－9 所示。

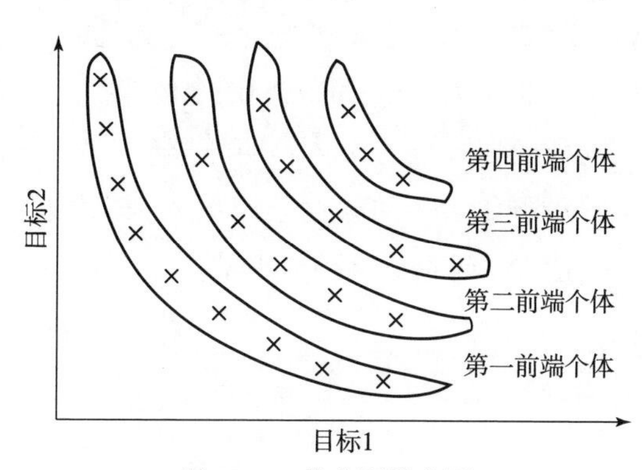

图 5－9　非支配排序图

5.3.3.3　拥挤距离计算

拥挤距离计算即计算某一前端内每个个体与其相邻个体的距离。其计算步骤为：对于前端两头的两个个体，给定一个无限大的数；其余个体的拥挤距离为与其相邻的两个个体在每个目标上的距离差之和。计算拥挤距离的目的是使求得的解均匀地分布在 Pareto 曲面上，其计算模型如下：

$$C_d[1] = C_d[n] = \infty \tag{5.27}$$

$$C_d[p] = C_d[p] + [f_m(p+1) - f_m(p-1)] \tag{5.28}$$

式中：$C_d[1]$，$C_d[n]$ 为前端两头个体的拥挤距离；$C_d[p]$ 为个体 p 的拥挤距离；f_m 为第 m 个目标函数。

图 5－10 所示为双目标函数个体拥挤距离示意图，个体 p 的拥挤距离为两部分折线长度之和。从图中可以看出，某个体的拥挤距离越大，表示该个体与相邻个体的目标函数值差别越大，多样性越好，在接下来的种群修剪中就越不会被裁剪掉。

5.3.3.4 锦标赛选择

与 GA 不同，INSGA－Ⅱ的选择只使用基于序值和拥挤距离的锦标赛选择。对于两个个体，当序值不同时，序值小的个体将被选中而不论其拥挤距离如何；当序值相同时，拥挤距离大的个体将被选择。

INSGA－Ⅱ算法的形象描述如图 5－11 所示。与基本遗传算法相比，INSGA－Ⅱ具有如下特点：采用了快速非支配排序法，降低了算法的计算复杂度；提出了序值、前端、拥挤距离等概念，其中拥挤距离在非支配排序后的选择中作为胜出标准，使准 Pareto 域中的个体能扩展到整个 Pareto 域并均匀分布，保证了物种的多样性；引入精英策略，扩大采样空间；将父代种群与其产生的子代种群组合，共同竞争产生下一代种群，有利于保证父代中的优良个体不被遗失，迅速提高种群水平。

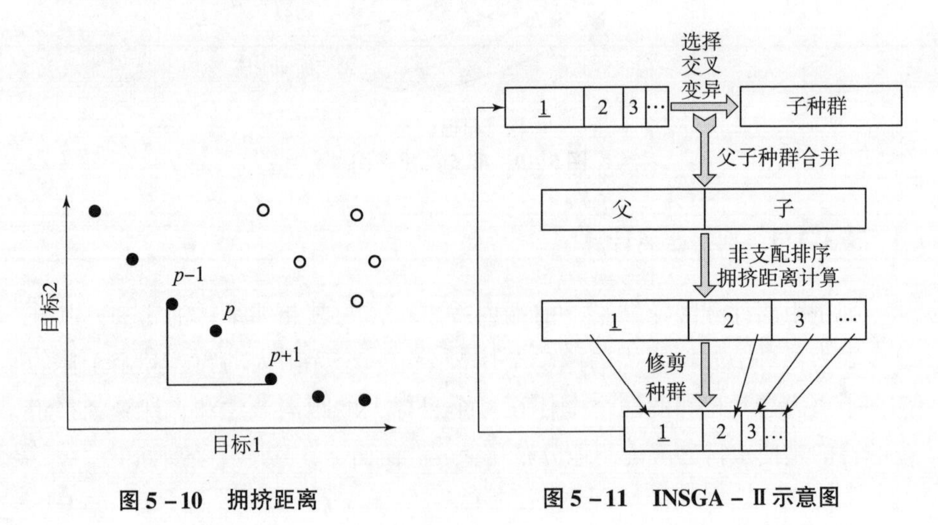

图 5－10　拥挤距离　　　　图 5－11　INSGA－Ⅱ示意图

5.4　现场应用及结果分析

本书提出的弯辊力多目标预设定模型已成功应用于某 1 450 mm 五机架冷连轧机组过程控制系统中，随机选取一种带钢，分析其控制效果。带钢的规格为：钢种为 Q195，来料厚度为 3 mm，目标厚度为 0. 4 mm，宽度为 1 200 mm，长度为 723 mm，外径为 1 818 mm，质量为 20. 42 t。

将 INSGA – Ⅱ算法应用于兼顾轧制力的弯辊力预设定中，分别计算 5 个机架的弯辊力预设定值。

将参数设置为：种群大小为 100，最大进化代数为 200，停止代数为 200，交叉概率为 0. 9，变异概率为 0. 1，最优前端个体系数为 0. 15，得到 5 组Pareto最优解集及对应目标函数值，如表 5 – 1 所示。

表 5 –1　运行得到的 Pareto 最优解

参数 \ 机架号	1	2	3	4	5
F_{FW}，F_{FI} f_B，f_P	3. 710 9，52. 520 74. 721，797. 00	96. 295，9. 295 4 211. 37，0. 000 0	91. 953，19. 537 328. 23，0. 000 0	104. 23，42. 330 284. 27，0. 000 0	84. 191，4. 191 0 101. 26，0. 000 0
F_{FW}，F_{FI} f_B，f_P	100. 13，3. 001 3 196. 56，0. 000 0	18. 735，42. 381 78. 522，482. 83	66. 168，62. 103 221. 91，302. 03	78. 220，26. 417 191. 51，20. 966	62. 885，7. 509 3 81. 391，13. 223
F_{FW}，F_{FI} f_B，f_P	46. 661，21. 564 116. 32，283. 26	80. 313，6. 604 4 151. 84，59. 431	66. 954，66. 349 215. 51，345. 55	84. 275，20. 868 231. 56，4. 787 9	53. 350，8. 352 4 78. 667，17. 522
F_{FW}，F_{FI} f_B，f_P	45. 442，27. 931 110. 29，341. 63	24. 740，33. 365 95. 336，326. 77	90. 192，48. 930 298. 47，25. 863	45. 360，18. 290 152. 53，84. 234	44. 247，11. 278 73. 213，28. 896
F_{FW}，F_{FI} f_B，f_P	14. 687，33. 931 94. 375，511. 64	21. 644，37. 924 85. 743，417. 67	84. 268，49. 118 270. 88，84. 284	45. 382，16. 965 158. 69，59. 070	53. 441，4. 791 3 79. 132，15. 372
F_{FW}，F_{FI} f_B，f_P	56. 221，33. 678 142. 60，130. 26	84. 563，3. 267 8 159. 61，53. 226	66. 546，54. 196 222. 96，287. 83	85. 567，21. 772 212. 76，11. 494	44. 934，9. 334 2 73. 993，26. 283
F_{FW}，F_{FI} f_B，f_P	54. 444，52. 221 128. 85，215. 08	9. 417 0，64. 375 66. 339，668. 45	66. 853，31. 772 230. 56，225. 92	45. 308，10. 147 156. 71，68. 780	69. 105，8. 243 1 86. 549，7. 479 3

续表

参数 \ 机架号	1	2	3	4	5
F_{FW}, F_{FI}	10.996，39.534	18.576，63.711	66.527，65.274	45.416，14.902	44.114，13.059
f_B, f_P	91.483，553.66	70.690，622.36	218.47，325.96	149.04，98.142	71.922，32.687
F_{FW}, F_{FI}	93.129.12.575	68.048，6.300 2	78.808，42.764	78.946，22.229	65.758，5.328 2
f_B, f_P	178.88，12.847	138.14，95.026	244.59，171.22	181.72，31.043	82.676，10.829
F_{FW}, F_{FI}	50.326，39.226	64.861，27.220	84.163，19.669	77.723，26.265	75.367，5.039 1
f_B, f_P	108.42，370.89	107.68，199.91	285.33，37.577	182.52，27.518	95.324，1.082 7
F_{FW}, F_{FI}	8.893 1，52.499	64.415，40.980	60.070，24.497	79.723，27.918	47.787，9.270 5
f_B, f_P	84.851，644.78	100.19，283.07	244.70，156.75	197.77，16.250	74.603，25.057
F_{FW}, F_{FI}	98.508，3.387 4	64.609，33.330	60.795，48.407	45.381，61.330	67.222，6.849 0
f_B, f_P	193.96，0.252 4	101.41，264.92	229.92，244.47	154.09，76.879	85.201，8.4541
F_{FW}, F_{FI}	16.587，39.815	30.632，32.731	66.211，64.720	45.328，12.054	71.889，4.310 5
f_B, f_P	95.956，501.89	98.932，320.61	220.56，312.71	152.14，87.126	87.771，5.382 4
F_{FW}, F_{FI}	9.542 0，39.347	24.379，38.859	85.887，24.452	48.981，17.569	63.788，7.937 0
f_B, f_P	86.287，619.47	92.627，371.16	271.59，69.429	164.04，52.195	81.801，12.831
F_{FW}, F_{FI}	7.629 9，52.259	88.940，3.197 9	84.163，29.669	92.850，28.516	52.822，7.568 5
f_B, f_P	82.944，670.23	172.70，30.718	280.62，50.837	257.91，0.000 0	76.382，20.971

同时，得到相应的第一前端个体分布图，如图5－12所示。需要说明的是，由于算法的初始种群是随机产生的，因此每次运行的结果也不一样。

采用传统弯辊力预设定模型计算的各机架弯辊力预设定值如表5－2所示。

将弯辊力预设定多目标函数写成如下的形式：

$$f=\min[\lambda f_B(F_{FW},F_{FI})+(1-\lambda)f_P(F_{FW},F_{FI})]$$

$$\text{s.t.}\begin{cases}F_{FW\min}\leqslant F_{FW}\leqslant F_{FW\max}\\F_{FI\min}\leqslant F_{FI}\leqslant F_{FI\max}\end{cases}\tag{5.29}$$

式中：f 为弯辊力预设定多目标函数；λ 为权重因子，根据实际情况选定，此处令 $\lambda=0.85$。

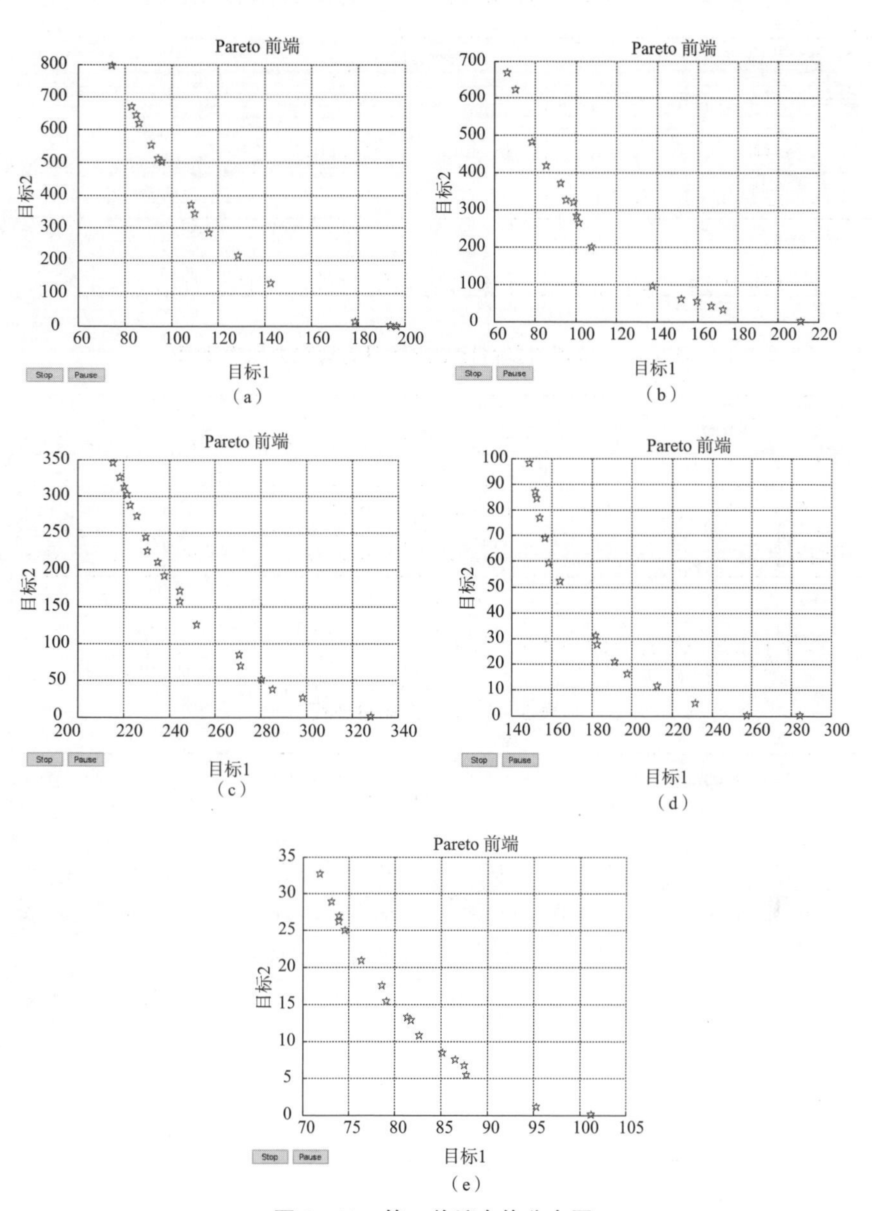

图 5－12　第一前端个体分布图

（a）1 号机架；（b）2 号机架；（c）3 号机架；

（d）4 号机架；（e）5 号机架

表 5-2 传统弯辊力预设定模型计算的各机架弯辊力设定值

参数＼机架号	1	2	3	4	5
工作辊弯辊/tf	51.753	69.060	56.569	47.713	33.672
中间辊弯辊/tf	25.591	32.325	22.978	28.897	14.816

则得到由 INSGA-Ⅱ算法计算出的弯辊力预设定值，如表 5-3 所示。

表 5-3 弯辊力多目标函数计算的弯辊力预设定值

参数＼机架号	1	2	3	4	5
工作辊弯辊/tf	56.220	64.861	66.853	45.416	44.114
中间辊弯辊/tf	33.678	27.220	31.772	14.902	13.059

该钢种的轧制规程如表 5-4 所示。

表 5-4 Q195 轧制规程

参数＼机架号	入口	1	2	3	4	5
厚度/mm	3.00	1.94	1.19	0.79	0.54	0.40
凸度/mm	0.055	0.040	0.032	0.028	0.026	0.025
压下率/%	—	35.27	38.52	34.00	31.85	25.51
张力/tf	17.0	30.2	18.8	13.1	9.0	2.8
轧制力/tf	—	1 063.8	988.7	961.1	882.1	795.7
速度/($m \cdot min^{-1}$)	—	245	406	613	901	1 219
功率/kW	—	2 222	4 199	4 191	4 200	4 132

图 5-13 和图 5-14 分别为板形闭环控制系统未投入阶段，优化前后的弯辊力预设定值作用下的带钢出口厚度偏差和出口凸度偏差对比图，图 5-15 为该阶段板形偏差对比图。

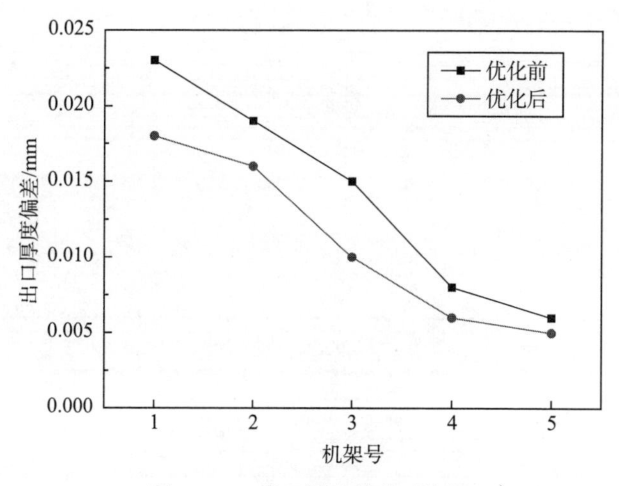

图 5－13　出口厚度偏差对比图

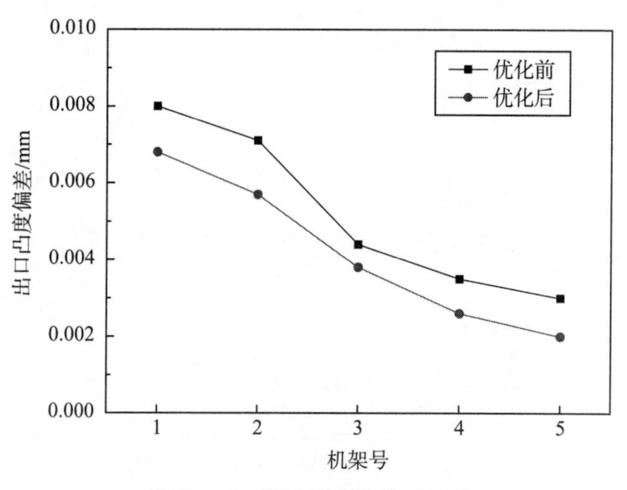

图 5－14　出口凸度偏差对比图

由图 5－13 和图 5－14 可以看出，原弯辊力预设定模型作用下的带钢出口厚度偏差和凸度偏差均大于本书提出的兼顾轧制力的弯辊力预设定多目标模型作用下的偏差值，这是因为实际轧制力与预设定值之间的偏差会导致带钢出口厚度和凸度也偏离目标值。弯辊力预设定多目标模型考虑了弯辊力的变化引起的轧制力改变情况，在控制板形的基础上兼顾了弯辊力对带钢厚度和凸度的影响，有效减小了带钢厚度偏差和凸度偏差。

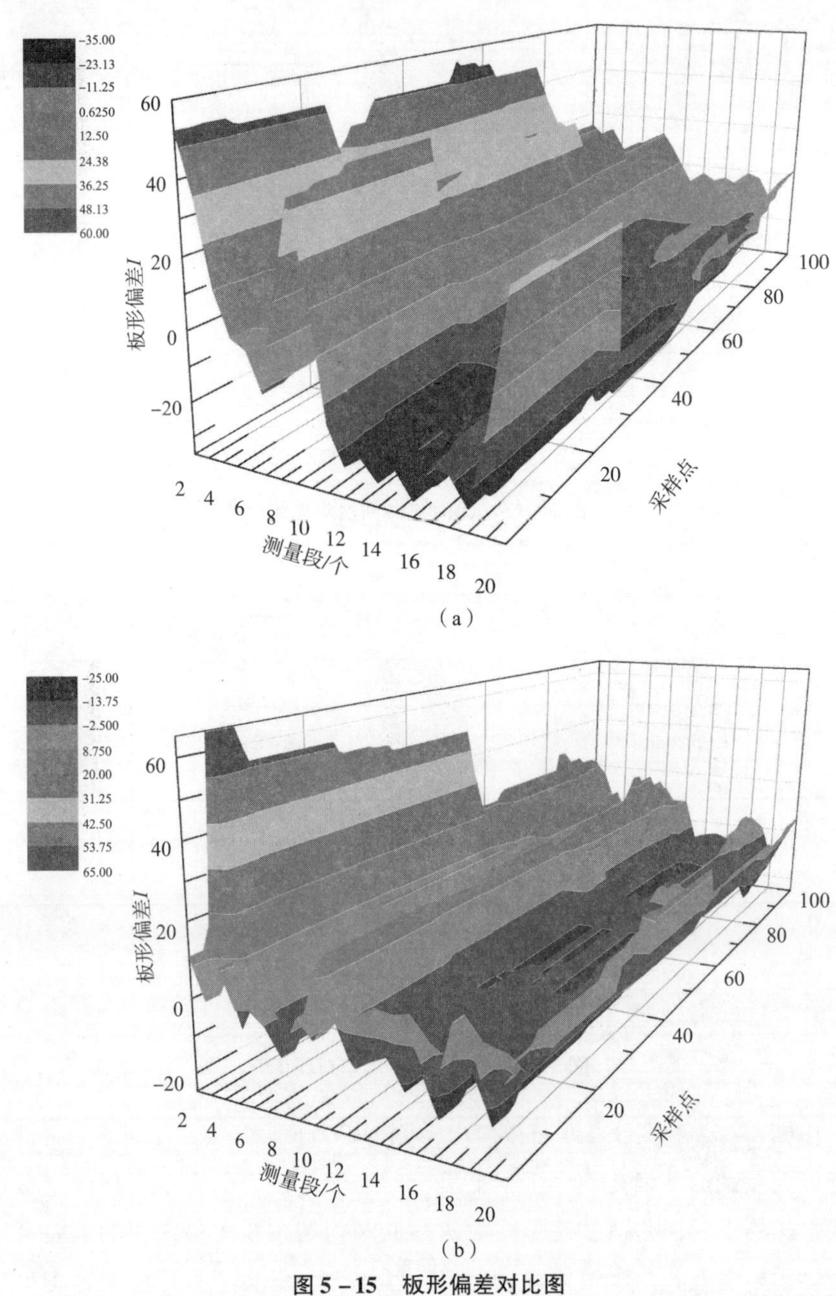

图 5-15　板形偏差对比图

(a) 优化前三维图；(b) 优化后三维图

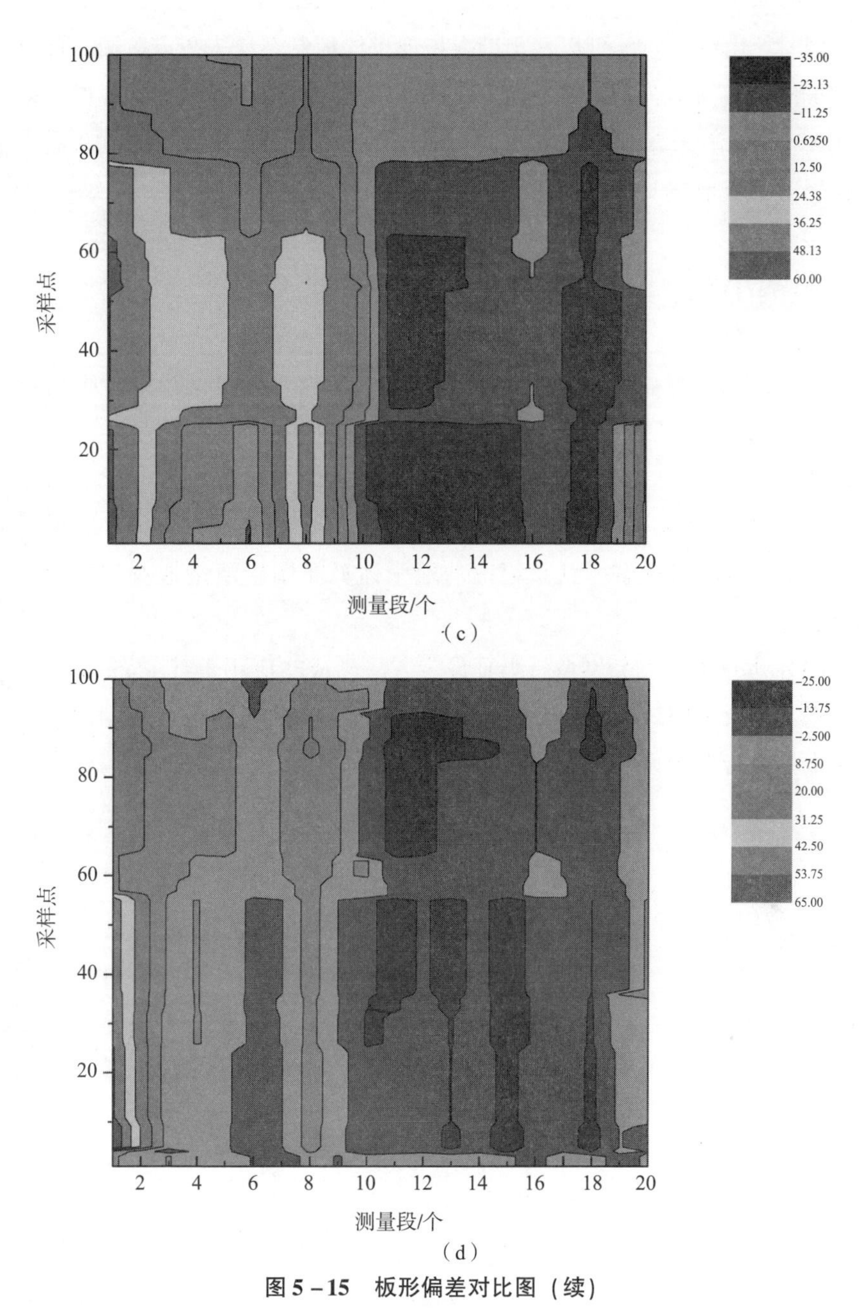

图 5－15　板形偏差对比图（续）

（c）优化前投影图；（d）优化后投影图

同时，由图5－15可以看出，在板形反馈控制系统未投入阶段，优化前平均板形偏差为19.24I，优化后平均板形偏差为10.88I。由此可见，采用INSGA－Ⅱ算法计算得到的弯辊力预设定值更加合理，预设定控制阶段弯辊力作用下的板形控制精度提高了8.36I。

本章小结

（1）考虑了弯辊力的改变会引起轧制力的变化，进而影响带钢出口厚度和出口凸度控制精度的情况，建立了兼顾轧制力的弯辊力预设定多目标函数。

（2）通过INSGA－Ⅱ算法智能性地对多目标函数进行求解，获得了指定数目的Pareto最优解，并从第一前端个体分布图中清楚地看到解的分布和趋势。

（3）本章提出的新型弯辊力预设定方法已成功应用于某1 450 mm冷连轧现场，结果表明该方法可以有效减小带钢出口厚度偏差和凸度偏差，并大幅度提高板形预设定阶段的控制精度。

第 6 章　冷连轧过程控制系统的工业应用

本书前面章节分别就冷连轧在线数学模型及模型自适应、薄规格带钢轧制规程多目标优化和冷连轧带钢弯辊力预设定模型等进行了详尽的阐述和深入的研究。目前，已将这些研究成果应用于某 1 450 mm 冷连轧机组自动化控制系统升级改造项目，并通过现场实测数据来验证和分析上述控制模型的现场应用效果。实验结果表明，冷连轧过程控制系统运行稳定，随机选取的 4 种不同品种、规格带钢的成品厚度精度和板形精度的合格率均为 100%，远超于指标要求。

6.1　工业应用背景

为了进一步提高冷连轧带钢的厚度和板形质量，某股份有限公司拟对原有 1 450 mm 六辊五机架全连续冷连轧机的电气自动化系统进行升级改造，以达到提高产品质量，减少废品率和提高作业率的目的，从而提高企业的市场竞争力，继续扩大冷连轧带钢及后续处理线产品的市场占有份额。

6.1.1　机组总体参数

该生产线的主要原料为普通低碳钢、优质低碳钢等，通过冷连轧机连续轧制材质为 CQ、DQ、DDQ、EDDQ、SEDDQ 等钢种的带钢，最终获得所需厚度和表面粗糙度的各类规格冷轧卷。

热轧来料卷为符合国家标准（GB 709－2016）较高精度级的轧制带钢，其中镰刀弯不大于 5 mm/2 m；不平直度不大于 25 mm/m；整卷塔型小于

50 mm；厚度公差在 ±10% 内的公称厚度；凸度应保持对称，对于小于 1 200 mm 宽的带钢，中心厚度 - 边部 40 mm 处厚度小于 50 μm，对于大于 1 200 mm 宽的带钢，中心厚度 - 边部 40 mm 处厚度小于 60 μm；楔形小于 30 μm；钢卷用捆带扎紧，不允许有松卷、塌卷、内圈脱落、严重翘曲等缺陷。

原料规格如下：

带钢厚度：1.8 ~ 4.5 （5.0）mm；带钢宽度：750 ~ 1 300 mm；钢卷质量：max. 28 t；平均单重：18 kg/mm；最大单重：22.4 kg/mm。

成品规格如下：

带钢厚度：0.18 ~ 2.0mm；带钢宽度：750 ~ 1 300 mm；钢卷外径：max. 2 100 mm；钢卷内径：610 mm；钢卷质量：max. 28 t。

机组年产量如下：

原料：926 300 t/年；成品：900 000 t/年；年小时：365 天 ×24 h = 8 760 h/年；大修时间：15 天 ×24 h = 360 h/年；检修时间：每周 1 个班 8 h ×50 周 = 400 h/年；其他非操作时间：800 h/年（包括支承辊换辊等）；年工作小时：7 200 h；机组作业效率：0.9，主要考虑生产误操作、断带等事故处理、工作辊换辊、产品规格更换调整、机械、电气、液压等设备故障等因素；实际年工作小时：6 480 h。

6.1.2 主要技术参数

该机组的主要技术参数介绍如下。

1. 机组速度

穿带速度：60 m/min；开卷机速度：max. 500 m/min（充套时）；轧机入口速度：max. 220 m/min；轧机出口速度：max. 1 200 m/min。

2. 机组张力

开卷机张力：max. 3 tf；活套内张力：max. 5 tf；轧机入口张力：max. 22 tf；轧机机架间张力：max. 45 tf；卷取机张力：max. 9 tf。

此外，轧机最大轧制力：2 000 tf；轧机电机总功率：约 20 000 kW。

机组特殊仪表配置如表 6 - 1 所示。

表 6－1　机组特殊仪表配置

名称	数量/台	位置	厂家
张力计	6	C1－C5 前后各 1 套	KELK
测厚仪	3	C1 前后和 C5 后各 1 套	TMO
激光测速仪	3	C1 前后和 C5 后各 1 套	BETA LASE MIKE
板形仪	1	C5 出口 1 套	SIEMENS VAI
喷射梁	1	C5 出口 1 套	SIEMENS VAI

6.1.3　机组工艺流程

该机组的工艺流程可以描述为：原料钢卷先在原料仓库中人工拆去外包装，检查确认后，由吊车运至入口钢卷鞍座，人工切断捆带，等待上卷。切断捆带后的原料钢卷由钢卷小车运至开卷机卷筒，由人工对中将钢卷放置在卷筒上。然后，小车开始下降，钢卷小车返回到承卷位置处，等待下一个钢卷上卷。钢卷定位在开卷机卷筒之后，外支撑升起、开卷机卷筒张开，撑紧钢卷内径，同时压紧辊压紧钢卷。然后，开卷机的卷筒和压紧辊开始转动，带钢头部通过穿带台送入夹送辊，夹送辊夹紧带钢并开始转动，将带钢头送至直头机进行带头矫直，然后进入双切剪，切除带钢头部不合格的部分。切头后的带钢由夹送辊夹送，送至汇聚夹送辊前，等待与前一卷带钢的带尾焊接。切头废料收集后进入废料箱内。在钢卷开卷过程中，开卷机可实现浮动对中。

当前一个钢卷的带尾在开卷机卷筒上还剩一定长度时，机组入口段开始自动降速运行。当钢卷带尾接近双切剪前时，机组入口段停车，双切剪将带钢尾部切除。带钢切尾后以穿带速度运行至闪光焊机，在焊机处与下一个钢卷的带头通过焊机焊接在一起，使得带钢能够连续地通过机组后续设备。

机组头部设有两台开卷机、一台双切剪。当一台开卷机处于正常运行时，另一台开卷机则将下一个钢卷的头部打开并完成头部剪切，做好了焊接前的准备。焊接完成之后，机组入口段开始升速，带钢以高于机组轧机入口的速度经过1号张紧装置和双辊纠偏装置进入水平活套，当水平活套充满后，机组入口段速度降至轧机入口速度，机组入口段与轧机同步运行。

带钢经单辊纠偏装置离开入口活套后，经过单辊纠偏装置，经过2号和3号张紧装置和双辊纠偏装置后，最后经三辊稳定装置进入五机架连轧机，按照设定的轧制工艺对带钢进行连续轧制。其中单辊纠偏装置为粗纠偏，纠偏精度 ±10 mm；轧机入口处的双辊纠偏装置为精纠偏，纠偏精度 ±1 mm，以保证带钢进入轧机时绝对对中。轧机按照预定的厚度和板型要求，实施相应的厚度和板形控制方式，使出口带钢达到要求。其中，在1号轧机和5号轧机配置有AGC自动厚度控制系统，在1号轧机入、出口及5号轧机出口配有测厚仪，可以实现厚度闭环控制。在每架轧机上均可以实施工作辊弯辊、窜辊等手段以改善带钢的板形。

带钢经过五机架连轧机后进入出口夹送辊及飞剪，当焊缝到达或卷取的钢卷达到设定重量时，机组设备自动降速，飞剪对带钢进行剪切，1号卷取机完成带尾卷取；带头通过1号卷取机和2号卷取机出口夹送辊及磁性皮带运输机进入2号卷取机及其皮带助卷器对带头进行卷取，卷取3圈后，皮带助卷器摆出，卷取机开始升速运行直至机组正常轧制速度。同时1号卷取机进行卸卷操作，即1号卷取机压辊压住带钢，人工用胶带贴住带尾，出口钢卷小车托起钢卷，从卷取机卷筒上移出，运至钢卷鞍座。然后用吊车将钢卷运至包装区域进行人工包装。包装后的成品钢卷由吊车或叉车运至成品仓库存放。

当下一卷带钢的焊缝到达或卷取的钢卷达到设定质量时，与前述操作相同重复进行；不同的只是由2号卷取机切换到1号卷取机。由此实现不停机的全连续轧制。

若生产0.4 mm以下带钢时可利用卸卷小车上套筒，以防止带钢塌卷。

整个冷连轧机组的工艺流程如图6-1所示。

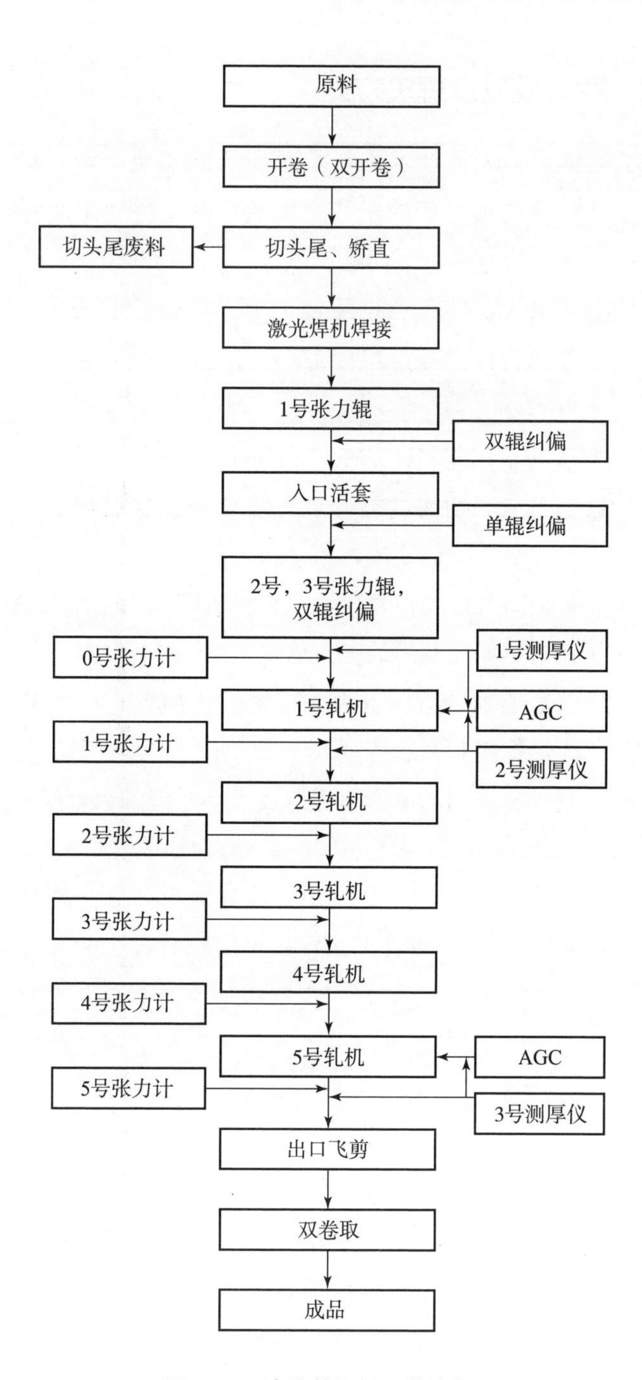

图6－1　冷连轧机组工艺流程

6.1.4 存在问题及解决方案

根据该公司提供的相关技术资料及对现场的实地调研考察，在对整个六辊五机架全连续冷连轧生产的工艺、机械、电气自动化设备做了充分的了解后，发现该生产线存在以下问题。

（1）带钢板形较差，带钢横向厚度产生不规则变形情况比较严重，尤其是整卷带钢中部和肋部存在严重的浪形，部分规格带钢边部 10 ~ 20 mm 也存在浪形。

（2）带钢厚度质量较差，尤其是带钢加减速阶段出现较为严重的超差，且超差长度较长。当从剪切速度提升至正常轧制速度过程中，头部不合格长度太长需要切掉，从而降低了成材率。

（3）5 号机架轧制力较大，尤其是在 5 号机架采用毛辊轧制时，5 号机架实际轧制力是其余机架轧制力的 1.5 倍左右。

结合实际轧制数据的分析，认为该冷连轧机组存在的问题主要体现在轧制工艺规程、板形控制和厚度控制这 3 个方面。但是，各个问题也并非独立存在，由于轧制工作模式的不合理也造成了一系列的综合问题。

1. 轧制工艺及轧制规程

一般来说，根据五机架的工作状态，冷连轧应该分为轧制模式和平整模式。在轧制模式下，五机架采用光辊，采用相对较大的乳化液浓度，也会设置一定的压下量，轧制力与其他机架相对均衡而不会太大，该机架本身具备厚度控制能力。在平整模式下，五机架采用毛辊，采用相对较小的乳化液浓度，给定一个很小的压下量（一般不超过 3%），保持不太大的恒定轧制力，该机架并不具备厚度控制能力，相应的厚度控制转移到前一机架完成。

从现场实际情况来看，过程控制系统 L2 级采用的轧制工作模型以及给出的轧制规程不合理。五机架采用表面粗糙度为 1.2 ~ 1.5 μm 的毛辊，此时无论乳化液浓度大小该机架的摩擦系数都会很大，但轧制规程中又给出了约 8% 的压下量，导致五机架轧制力非常大，整个工作模式严重制约了厚度控制和板形控制能力的发挥。

2. 板形控制

自动板形控制功能并未投入，板形检测值与实际板形存在较大偏差，并且带钢整个横向宽度存在不规则浪形。

板形检测系统的准确与否是进行板形闭环控制的前提。从板形检测方面来说，首先需要确认板形仪以及前后辊组的机械位置等是否安装合理，其次板形仪本身的检测系统是否存在问题。原有板形控制系统在使用中存在问题或者控制效果不好，导致现场一直未能投入板形自动控制。另外，由于轧制工艺及轧制规程的不合理，带钢横向厚度产生不规则变形，造成板形控制难度极大或处于不可控的状态。

3. 厚度控制

从现场的生产质量报告来看，启车或带钢头尾加减速阶段厚度波动较大并且超差长度较长，原料厚度波动对产品厚度的影响也较大。根据以往现场轧制的情况来看，加减速阶段厚度会有一定的波动，但不会出现这么大的厚度偏差，并且在很短的带钢长度之内就能得到有效控制。确定该机组厚度控制的工作状态不合理，尤其对于加减速等非稳定轧制阶段，厚度没有得到及时控制或补偿。

为了彻底解决上述问题，给出了如下的电气自动化控制系统改造方案。

（1）采用一套基于西门子 TDC 的 TCS 系统来替代原有基础自动化的工艺控制部分（AMS 控制系统），完成液压辊缝控制、厚度控制、板形控制、轧线主令控制、机架间张力控制和动态变规格等功能。

（2）采用一台高性能服务器替代原有过程控制系统，完成轧制过程数学模型、轧制工艺规程设定和自学习自适应控制等。

（3）采用一套新的板形辊代替原来的空气轴承式板形辊。

其余设备均沿用原有设备，改变通信接口和通信数据，必要时对原有功能进行优化。

该生产线现场图如图 6－2 所示。

(a)

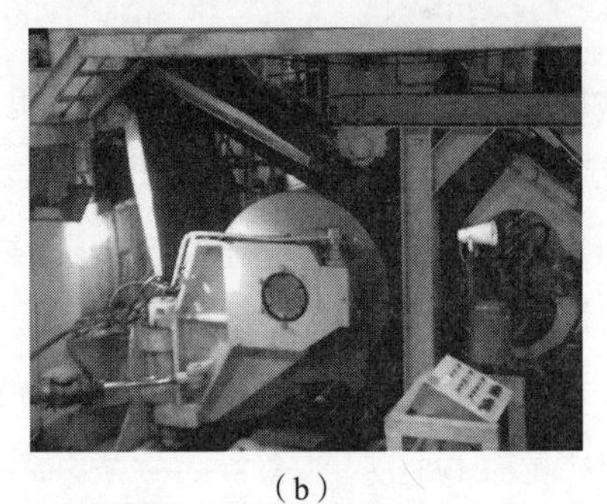
(b)

图 6 – 2　生产线现场

(a) 冷连轧机组；(b) 地下卧式卷取机

6.1.5　计算机控制系统概况

该生产线改造后的计算机控制系统由生产管理系统、过程自动化系统、基础自动化系统和人机界面组成。其中，过程自动化系统和基础自动化系统是生产过程控制的核心，人机界面又分为过程自动化人机界面与基础自动化人机界面。

生产管理系统用于协调来料、酸洗及轧机之间的生产计划并负责生产数据的交换，该系统除生产计划的编制外，还负责板坯库、成品库以及轧辊磨损间等的管理工作，并对产品质量进行跟踪和管理。

过程自动化系统面向整个生产线，其核心任务是对生产线上各个机组及设备进行设定计算。为实现此功能，过程控制计算机需要包括初始数据读取、采样数据处理、带钢跟踪、模型设定计算、模型自学习、数据通信及报表打印等功能。

基础自动化系统面向机组、设备及其机构，其控制功能包括运送控制、顺序/逻辑控制、设备控制、质量控制及轧件跟踪等。

过程自动化系统、基础自动化系统和人机界面之间通过工业以太网进行数据交互通信。整个冷连轧生产线计算机控制系统如图 6 – 3 所示。

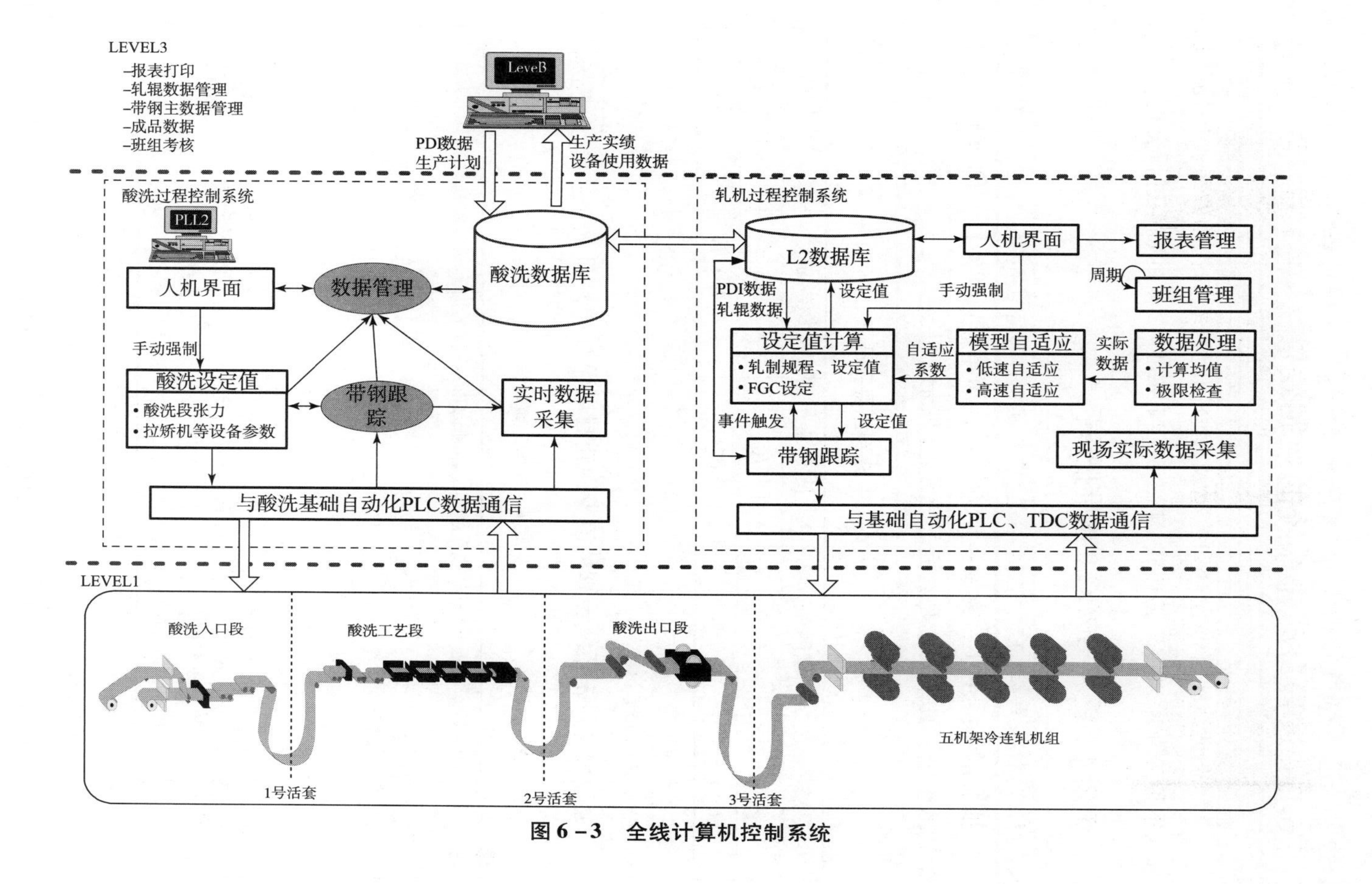

图 6－3　全线计算机控制系统

6.2 过程自动化系统的控制效果

为了验证该轧机过程自动控制及模型设定系统的控制效果，现场随机抽取钢种分别为 SPCC、Q195、MRT－3 和 MRT－2.5 的带钢进行分析。

6.2.1 钢种 SPCC 的控制效果

1. 来料主数据

抽取钢种：SPCC；宽度：1 000 mm；压下率：78%；轧制策略：平整模式的带钢，其来料主要数据如表 6－2 所示。

表 6－2　来料主要数据

位置	厚度/mm	长度/m	外径/mm	质量/t
入口	3.50	676	1 885	18.58
出口	0.76	3 021	1 780	17.95

2. 轧制规程

通过模型设定系统计算的该带钢轧制规程如表 6－3 所示。

表 6－3　轧制规程

机架号	厚度/mm	压下率/%	张力/tf	轧制力/tf	弯辊力/tf	速度/(m·min^{-1})	功率/kW
入口	3.50	—	17.0	—	—	—	—
1号	2.39	31.86	30.8	846.4	41.6	311	2 297
2号	1.53	35.77	21.3	768.6	67.5	493	4 200
3号	1.07	30.03	15.2	679.1	63.6	705	4 200
4号	0.77	28.17	10.5	691.3	54.7	979	4 200
5号	0.76	1.30	4.2	510.9	15.9	994	1 492

3. 钢卷性能数据

取带钢速度大于 200 m/min 时的钢卷性能数据，如表 6－4 所示。

表6-4　钢卷性能数据

带钢长度/m			带钢厚度合格率/%	带钢板形合格率/%
带头	带体	带尾	100.0	100.0
0.6	3 009	0.0		

4. 带钢厚度控制效果

该带钢的厚度控制效果如图6-4所示。

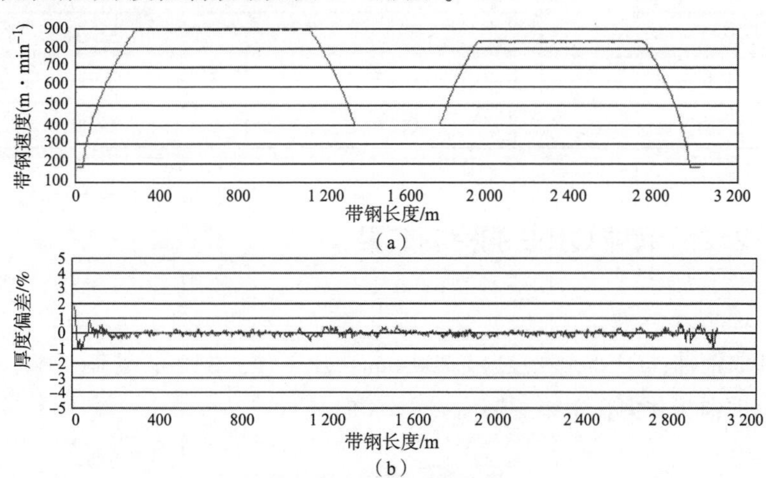

图6-4　带钢厚度偏差曲线

(a) 带钢速度；(b) 带钢厚度偏差

厚度偏差的分类统计柱状图和厚度偏差分类统计表分别如图6-5所示和表6-5所示。

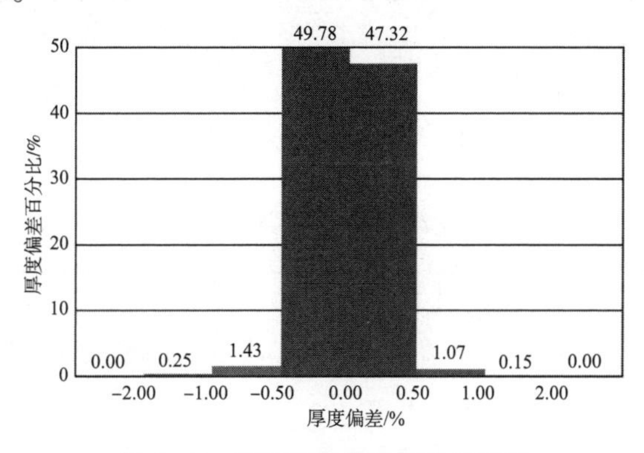

图6-5　厚度偏差分类统计柱状图

表 6-5　厚度偏差分类统计表

厚度偏差分类	百分比/%	长度/m
≤ -2.0	0.00	0.00
-2.0 ~ -1.0	0.25	7.46
-1.0 ~ -0.5	1.43	43.15
-0.5 ~0	49.78	1 497.99
0 ~0.5	47.32	1 423.93
0.5 ~1.0	1.07	32.09
1.0 ~2.0	0.15	4.60
≥2.0	0.00	0.00

6.2.2　钢种 Q195 的控制效果

1. 来料主数据

抽取钢种：Q195；宽度：1 200 mm；压下率：87%；轧制策略：压下模式的带钢，其来料主要数据如表 6-6 所示。

表 6-6　来料主要数据

位置	厚度/mm	长度/m	外径/mm	质量/t
入口	3.00	723	1 818	20.42
出口	0.40	5 292	1 715	19.80

2. 轧制规程

通过模型设定系统计算的该带钢轧制规程如表 6-7 所示。

表 6-7　轧制规程

机架号	厚度/mm	压下率/%	张力/tf	轧制力/tf	弯辊力/tf	速度/(m · min^{-1})	功率/kW
入口	3.00	—	17.0	—	—	—	—
1 号	1.94	35.27	30.2	1 063.8	49.4	245	2 222

续表

机架号	厚度 /mm	压下率 /%	张力 /tf	轧制力 /tf	弯辊力 /tf	速度 /(m · min^{-1})	功率 /kW
2 号	1. 19	38. 52	18. 8	988. 7	36. 6	406	4 199
3 号	0. 79	34. 00	13. 1	961. 1	64. 2	613	4 191
4 号	0. 54	31. 85	9. 0	882. 1	57. 1	901	4 200
5 号	0. 40	25. 51	2. 8	795. 7	51. 2	1 219	4 132

3. 钢卷性能数据

取带钢速度大于 200 m/min 时的钢卷性能数据，如表 6 – 8 所示。

表 6 – 8　钢卷性能数据

带钢长度/m			带钢厚度合格率/%	带钢板形合格率/%
带头	带体	带尾	100. 0	100. 0
0. 3	5 280	0. 0		

4. 带钢厚度控制效果

该带钢的厚度控制效果如图 6 – 6 所示。

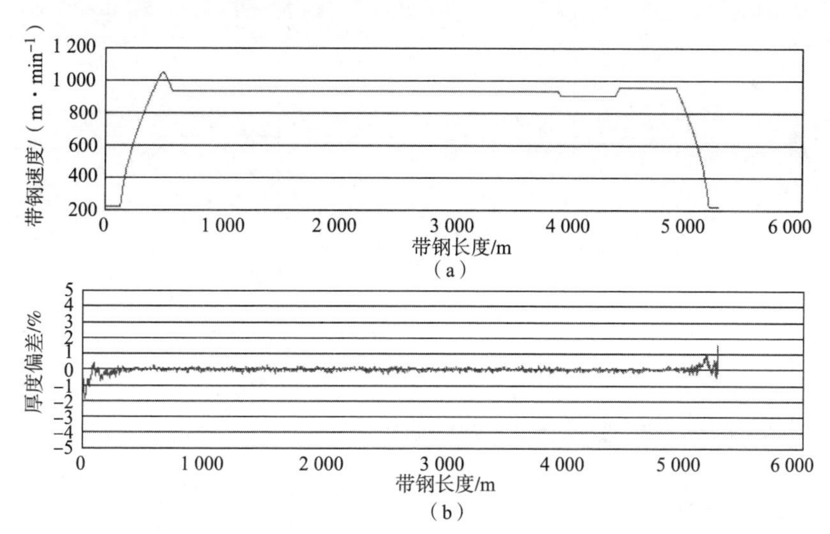

图 6 – 6　带钢厚度偏差曲线

(a) 带钢速度；(b) 带钢厚度偏差

厚度偏差分类统计柱状图和厚度偏差分类统计表分别如图 6－7 所示和表 6－9 所示。

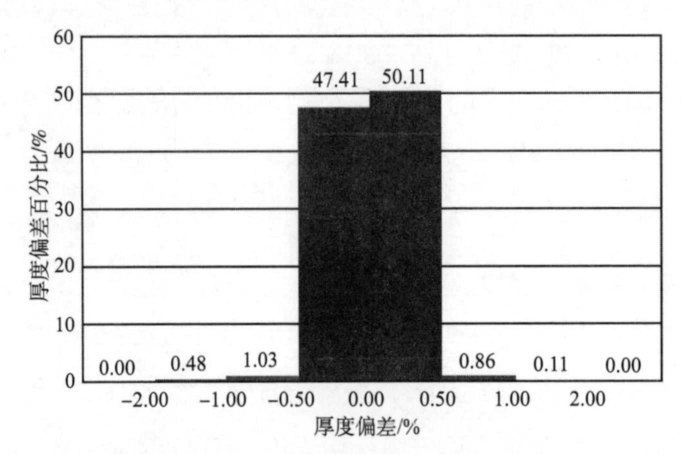

图 6－7 厚度偏差分类统计柱状图

表 6－9 厚度偏差分类统计表

厚度偏差分类	百分比/%	长度/m
≤－2.0	0.00	0.00
－2.0～－1.0	0.48	25.39
－1.0～－0.5	1.03	54.59
－0.5～0	47.41	2 501.58
0～0.5	50.11	2 644.21
0.5～1.0	0.86	45.41
1.0～2.0	0.11	5.69
≥2.0	0.00	0.00

6.2.3 钢种 MRT－3 的控制效果

1. 来料主数据

抽取钢种：MRT－3；宽度：875 mm；压下率：87%；轧制策略：压下模式的带钢，其来料主要数据如表 6－10 所示。

表 6－10　来料主要数据

位置	厚度/mm	长度/m	外径/mm	质量/t
入口	2.75	862	1 884	16.29
出口	0.35	6 548	1 782	15.73

2. 轧制规程

通过模型设定系统计算的该带钢轧制规程如表 6－11 所示。

表 6－11　轧制规程

机架号	厚度 /mm	压下率 /%	张力 /tf	轧制力 /tf	弯辊力 /tf	速度 /$(m \cdot min^{-1})$	功率 /kW
入口	2.75	—	13.2	—	—	—	—
1 号	1.80	34.40	19.6	747.9	21.8	251	1 569
2 号	1.11	38.58	13.8	775.3	44.4	412	3 069
3 号	0.73	33.75	9.6	746.7	55.1	621	3 373
4 号	0.47	36.24	6.4	636.4	40.7	988	3 822
5 号	0.35	25.00	1.7	665.2	59.1	1 327	3 541

3. 钢卷性能数据

取带钢速度大于 200 m/min 时的钢卷性能数据，如表 6－12 所示。

表 6－12　钢卷性能数据

带钢长度/m			带钢厚度合格率/%	带钢板形合格率/%
带头	带体	带尾	100.0	100.0
2.6	6 536	0.0		

4. 带钢厚度控制效果

该带钢的厚度控制效果如图 6－8 所示。

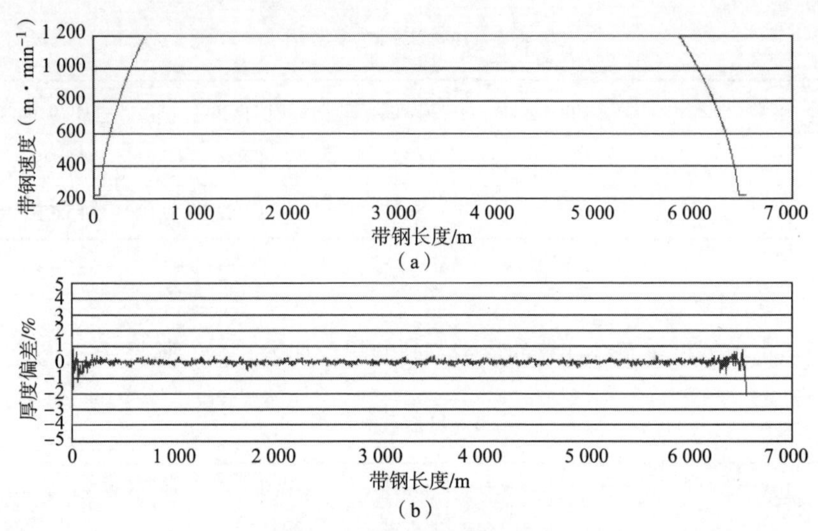

图 6－8　带钢厚度偏差曲线

（a）带钢速度；（b）带钢厚度偏差

厚度偏差分类统计柱状图和厚度偏差分类统计表分别如图 6－9 所示和表 6－13 所示。

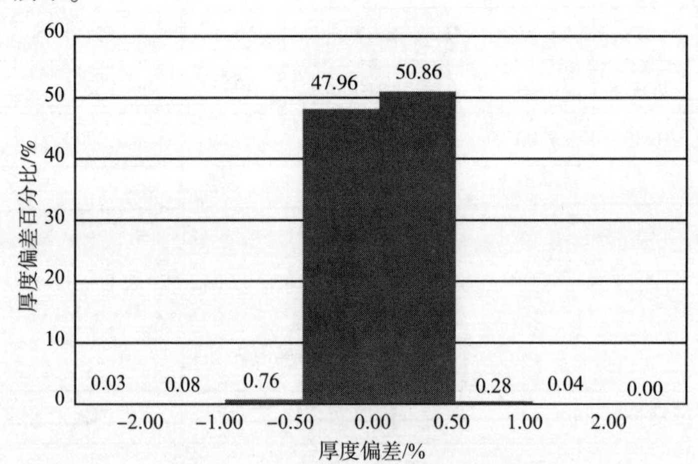

图 6－9　厚度偏差分类统计柱状图

表 6－13　厚度偏差分类统计表

厚度偏差分类	百分比/%	长度/m
≤－2.0	0.03	1.91
－2.0～－1.0	0.08	5.16

续表

厚度偏差分类	百分比/%	长度/m
-1.0 ~ -0.5	0.76	49.50
-0.5 ~ 0	47.96	3 139.66
0 ~ 0.5	50.86	3 329.79
0.5 ~ 1.0	0.28	18.06
1.0 ~ 2.0	0.04	2.86
≥2.0	0.00	0.00

6.2.4　钢种 MRT -2.5 的控制效果

1. 来料主数据

抽取钢种：MRT -2.5；宽度：795 mm；压下率：89%；轧制策略：压下模式的带钢，其来料主要数据如表 6-14 所示。

表 6-14　来料主要数据

位置	厚度/mm	长度/m	外径/mm	质量/t
入口	1.80	1 297	1 870	14.57
出口	0.20	11 611	1 774	14.08

2. 轧制规程

通过模型设定系统计算的该带钢轧制规程如表 6-15 所示。

表 6-15　轧制规程

机架号	厚度/mm	压下率/%	张力/tf	轧制力/tf	弯辊力/tf	速度/($m \cdot min^{-1}$)	功率/kW
入口	1.80	—	7.9	—	—	—	—
1 号	1.19	33.89	11.6	634.9	37.2	212	865
2 号	0.74	38.24	8.2	632.9	52.3	347	1 625
3 号	0.49	34.01	5.8	627.1	78.0	526	1 781
4 号	0.31	37.11	3.8	573.9	60.0	845	2 097
5 号	0.20	35.08	1.1	545.8	19.5	1 325	2 657

3. 钢卷性能数据

取带钢速度大于 200 m/min 时的钢卷性能数据，如表 6-16 所示。

表 6-16 钢卷性能数据

带钢长度/m			带钢厚度合格率/%	带钢板形合格率/%
带头	带体	带尾	100.0	100.0
1.8	11 600	0.0		

4. 带钢厚度控制效果

该带钢的厚度控制效果如图 6-10 所示。

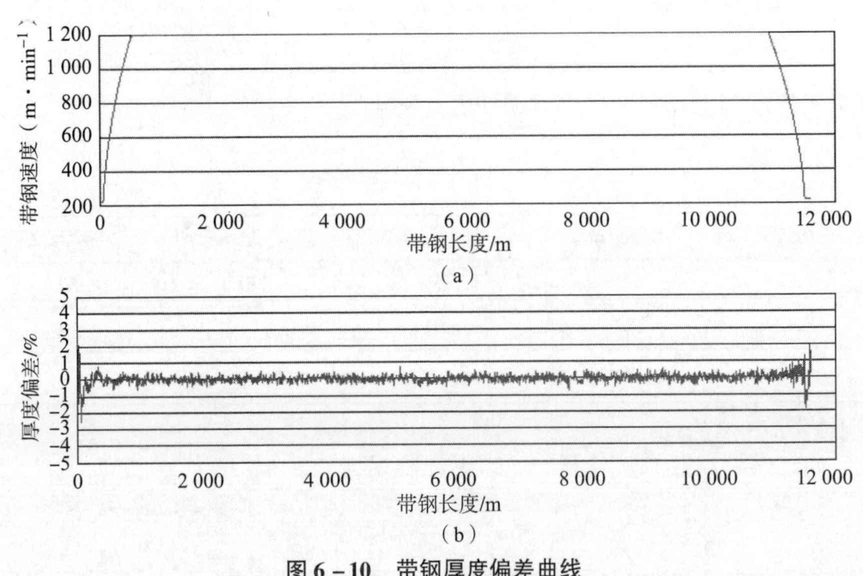

图 6-10 带钢厚度偏差曲线

(a) 带钢速度；(b) 带钢厚度偏差

厚度偏差分类统计柱状图和厚度偏差分类统计表分别如图 6-11 所示和表 6-17 所示。

6.2.5 控制效果分析

从上文中可以看出，轧制策略分为平整模式和压下模式两种，两种模式是根据末机架工作辊粗糙度的不同来进行划分的。

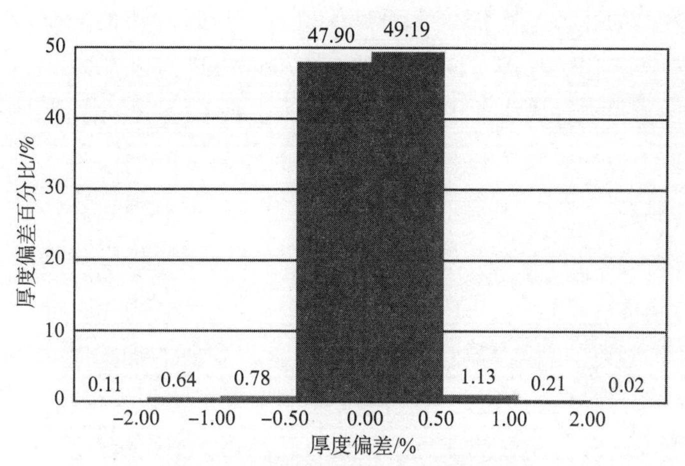

图6－11　厚度偏差分类统计柱状图

表6－17　厚度偏差分类统计表

厚度偏差分类	百分比/%	长度/m
≤－2.0	0.11	13.30
－2.0～－1.0	0.64	73.86
－1.0～－0.5	0.78	90.52
－0.5～0	47.90	5 555.65
0～0.5	49.19	5 705.74
0.5～1.0	1.13	131.49
1.0～2.0	0.21	24.89
≥2.0	0.02	2.87

平整模式主要用于生产压下率较小的薄板。当轧制模式为“平整模式”时，前4个机架已完成全部压下量的压下，5号机架在轧制过程中保持一个恒定较小的轧制力，起到平整和改善板形的作用。为了防止轧制力较小时带钢发生打滑现象，5号机架工作辊一般采用粗糙度较高的毛化辊。

压下模式主要用于生产镀锡板。当轧制模式为“压下模式”时，一般所轧带钢的总压下率较大，此时5号机架需承担一定压下量。为了防止该机架负荷过大，5号机架一般采用粗糙度低的光辊。

通过钢种SPCC的轧制规程可以观察到，在平整模式下，末机架并不考虑功率和轧制力相对均衡因素，而是保持一个恒定较小的轧制力，可以起到平整和改善板形的作用，1～4号机架的相对轧制力和功率分配比较均衡，能够充分挖掘设备能力进而提高生产效率。钢种Q195由于采用压下模式的轧制策略，末机架承担一定的压下量，此时所有机架均参与相对轧制力和电机功率的均衡，轧制规程中功率和轧制力的分配相对比较均衡，保证了各机架的设备能力得到充分发挥。在轧制大压下率、极限规格的镀锡基板MRT-3、MRT-2.5时，也采用的是压下模式的轧制策略，此时带钢的加工硬化程度非常严重，为了降低带钢进入末机架前的加工硬化程度，提高末机架AGC对厚度的控制能力，末机架也需要承担很大的压下量。同时，为了减小单位压力，机架间要采用大张力轧制来减小轧制力。

冷连轧带钢的厚度精度指标如表6-18所示。

表6-18　带钢厚度精度指标

成品厚度/mm	厚度精度指标（稳定轧制状态）		有效率/%
	$v>300$ m/min	300 m/min $>v>$ 200 m/min	
0.18～0.30	±1.5% （不小于±4 μm）	±2.5% （不小于±6 μm）	95.45
0.31～0.50	±1.2%	±2.0%	95.45
0.51～0.80	±1.0%	±2.2%	95.45
0.81～1.80	±0.8%	±1.5%	95.45

通过随机选取的SPCC和Q195的带钢厚度偏差曲线可以看出，在轧线速度大于200 m/min时，整条带钢的厚度偏差小于±0.5%，稳定轧制时带体的厚度合格率为100%。对于极限规格的镀锡基板，当轧机在以200～300 m/min区间内的速度运行时，厚度偏差控制在±2%以内，当轧机在最高速度轧制时成品厚度偏差全部控制在±1%以内，整条带钢长度上的厚度合格率为100%，该极限规格的厚度控制精度远超过要求指标。

冷连轧机组成品钢卷下线时的现场情况如图6-12所示。

图 6－12　钢卷下线现场

本章小结

（1）介绍了某 1 450 mm 六辊五机架全连续冷连轧机电气自动化系统改造项目的工业应用背景，给出了该机组的总体参数、主要技术参数以及生产工艺流程，分析了该系统存在的问题并提出了相应的解决方案，同时介绍了改造后的计算机控制系统概况及功能。

（2）完成了冷连轧过程控制系统的工业应用。应用结果表明，该系统运行稳定、模型计算精度高，针对不同种类、不同规格的带钢均能达到良好的控制效果，成品带钢厚度控制精度远高于厚度指标要求。

第7章　结　论

本书以某1 450 mm六辊五机架全连续冷连轧机电气自动化系统升级改造项目为背景，以满足各种轧制工艺，提高厚度控制精度为目标，对冷连轧过程控制和模型设定系统中的在线数学模型、模型自适应和负荷分配计算等进行了深入的研究及优化，完成了优化算法和冷连轧过程控制系统工业应用的完美结合并取得了良好的控制效果。本书的主要研究结果如下。

（1）建立了基于硬度辨识的冷连轧厚度控制模型，解决了冷轧来料硬度波动对带钢厚度精度的重发性影响。在优化设定模型的基础上，改进AGC控制策略，提出兼顾板形的厚度控制模型及控制方案，可有效提高带钢厚度精度，并减小板形偏差。

（2）提出了一种基于目标函数的冷连轧轧制力模型和前滑模型协同自适应算法。建立了冷连轧带钢轧制力和前滑模型的协同自适应目标函数，将变形抗力和摩擦系数模型中的自适应系数作为寻优参数并采用多种群协同进化算法进行求解。该协同自适应算法可以将低速轧制阶段的轧制力误差减小1.79%，轧辊线速度误差减小9.75%；将高速轧制阶段的轧制力误差减小2.32%，轧辊线速度误差减小8.08%，显著提高轧制力和前滑模型的设定精度。

（3）针对薄规格带钢提出了一种轧制规程多目标优化算法。基于影响函数法建立了板形目标函数，并在此基础上建立了基于功率、张力和板形的综合多目标函数。采用案例推理-禁忌搜索混合算法进行求解，与传统禁忌搜索算法相比，改进的算法起到了缩短计算时间，提高计算效率的作用。该轧制规程多目标优化算法可以在充分发挥设备能力的条件下提高生产力，同时改善产品的板形和质量。

（4）提出了兼顾轧制力的弯辊力预设定控制策略，以考虑弯辊力和轧制力双目标优化为基础建立弯辊力预设定目标函数，并采用改进的多目标智能优化算法求解该目标函数，可以有效减小带钢出口厚度偏差和凸度偏差，并将板形预设定控制阶段的板形控制精度提高了 8. 36 I。

（5）建立了冷连轧过程控制系统。分别介绍了基础自动化级、过程自动化级和生产管理级的具体功能，根据实际需要开发了过程控制及人机界面系统，实现了双向数据传输、带钢跟踪管理、报表管理等功能，取得良好应用效果。

（6）将研究成果在某 1 450 mm 五机架冷连轧生产线进行了工业应用。应用结果表明，控制系统运行稳定、模型计算精度高，针对不同种类、不同规格的带钢均能达到良好的控制效果。稳定轧制时，成品厚度偏差全部控制在 ±1% 以内，整条带钢长度上的厚度合格率为 100%，产品尺寸控制精度远优于规定指标。

参 考 文 献

[1] 金兹伯格. 高精度板带材轧制理论与实践 [M]. 姜明东, 等译. 北京: 冶金工业出版社, 2000.

[2] 王国栋. 中国钢铁轧制技术的进步与发展趋势 [J]. 钢铁, 2014, 49 (7): 23 – 29.

[3] 孙一康. 带钢冷连轧计算机控制 [M]. 北京: 冶金工业出版社, 2002.

[4] 黄庆学, 梁爱生. 高精度轧制技术 [M]. 北京: 冶金工业出版社, 2002.

[5] 苏亚红. 我国冷轧板带生产状况及展望 [J]. 冶金信息导刊, 2007, (5): 44 – 48.

[6] 舒朝晖. 我国冷轧板带材发展中存在的问题和建议 [J]. 钢铁, 2002, 37 (3): 63 – 65.

[7] 许石民, 孙登月. 板带材生产工艺及设备 [M]. 北京: 冶金工业出版社, 2008.

[8] 翁宇庆, 康永林. 近 10 年中国轧钢的技术进步 [J]. 中国冶金, 2010, 10: 11 – 23 + 27.

[9] 罗光政, 刘相华. 棒线材节能减排低成本轧制技术的发展 [J]. 中国冶金, 2015, 25 (12): 12 – 16.

[10] 金兹伯格. 板带轧制工艺学 [M]. 马清东, 陈荣青, 等译. 北京: 冶金工业出版社, 1998.

[11] 傅作宝. 冷轧薄钢板生产 [M]. 北京: 冶金工业出版社, 2005.

[12] 邬月兔. 国内外冷轧机的发展 [J]. 江苏冶金, 1992, (4): 111 – 115.

[13] 贺毓辛. 冷轧板带生产 [M]. 北京: 冶金工业出版社, 1992.

[14] 王国栋, 刘相华, 王军生. 冷连轧生产工艺的进展 [J]. 轧钢, 2003, 20 (1): 37 – 41.

[15] 镰田正诚. 板带连续轧制 – 追求世界一流技术的记录 [M]. 李伏桃, 陈岿, 康永林译. 北京: 冶金工业出版社, 2002.

[16] 中国金属学会轧钢学会冷轧板带学术委员会. 中国冷轧板带大全 [M]. 北京: 冶金工业出版社, 2005.

[17] 王国栋, 刘相华, 王军生. 冷连轧厚度自动控制 [J]. 轧钢, 2003, 20 (3): 38 – 41.

[18] 殷瑞钰，苏天森. 中国薄板坯连铸连轧的发展特点和方向 [J]. 钢铁，2007，(1)：1-7.

[19] 矫志杰，赵启林，王军生，等. 宝钢益昌冷轧机过程控制系统 [J]. 冶金自动化，2004，28 (3)：34-37.

[20] 孙一康. 冷热轧板带轧机的模型与控制 [M]. 北京：冶金工业出版社，2010.

[21] 张殿华，陈树宗，李旭，等. 板带冷连轧自动化系统的现状与展望 [J]. 轧钢，2015，32 (3)：9-15.

[22] 王国栋，刘相华，王军生. 冷连轧计算机过程控制系统 [J]. 轧钢，2003，120 (2)：41-45.

[23] 轧制技术及连轧自动化国家重点实验室（东北大学）. 1 450 mm 酸洗冷连轧机组自动化控制系统研究与应用 [M]. 北京：冶金工业出版社，2014.

[24] 王廷溥. 金属塑性加工学－轧制理论与工艺 [M]. 北京：冶金工业出版社，1986.

[25] 杨美顺. 现代冷轧机发展现状及展望 [J]. 中国冶金，2004，(10)：13-17.

[26] 李旭. 提高冷连轧带钢厚度精度的策略研究与应用 [D]. 沈阳：东北大学，2009.

[27] 任勇，程晓茹. 轧制过程数学模型 [M]. 北京：冶金工业出版社，2008.

[28] 张小平，秦建平. 轧制理论 [M]. 北京：冶金工业出版社，2006.

[29] 刘志兴，迟京东. 我国冷连轧机工艺技术装备及生产水平浅析 [J]. 中国钢铁业，2009，(10)：15-19+14.

[30] 王军生，白金兰，刘相华. 带钢冷连轧原理与过程控制 [M]. 北京：科学出版社，2009.

[31] 王国栋. 钢材涂镀技术发展现状和趋势 [J]. 轧钢，2008，25 (1)：1-4.

[32] 丁修堃，张殿华，王贞祥，等. 高精度板带钢厚度控制的理论与实践 [M]. 北京：冶金工业出版社，2009.

[33] 唐谋凤. 现代带钢冷连轧机的自动化 [M]. 北京：冶金工业出版社，1995.

[34] 孙建林. 轧制工艺润滑原理、技术与应用 [M]. 北京：冶金工业出版社，2010.

[35] 高林林，陈玺. HC 六辊轧机的板形调整特点分析研究 [J]. 重型机械，2006，S1：5-8.

[36] 刘光明，黄小洋，马立峰，等. 基于单纯形搜索的 CVC 冷轧机板形预设定模型 [J]. 锻压技术，2016，41 (6)：11-15.

[37] Rosen D，刘贵. 热轧带材轧机和冷轧带材轧机的 CVC 技术——板形控制的方法和模型 [J]. 国外电气自动化，1992，13 (4)：11-18.

[38] 任永吉. 酸洗——轧机联合机组（CDCM 机组）国内外发展概况 [J]. 冶金设备，

1993，(1)：23 -28.

[39] 张浩，矫志杰，刘翠红，等. 唐钢冷连轧机过程控制系统 [J]. 东北大学学报(自然科学版)，2007，28 (10)：1381 -1384.

[40] 华建新，王贞祥. 全连续式冷连轧机过程控制 [M]. 北京：冶金工业出版社，2000.

[41] 王育华. 2030 冷连轧机的道次计算 [J]. 宝钢技术，1989，(3)：19 -23.

[42] 曾静. 钢铁冷轧厂酸轧机组的自动化控制方法 [J]. 中国金属通报，2016，(6)：42 -43.

[43] 丁波，罗荣，陈其安. 2015 年度我国轧钢技术的主要进步 [J]. 轧钢，2016，33 (3)：1 -7.

[44] 王国栋. 新一代 TMCP 技术的发展 [J]. 轧钢，2012，29 (1)：1.

[45] 张结刚，吴泽交，吴高亮，等. 宽规格五机架冷连轧机组硅钢高精度断面控制技术研究 [J]. 轧钢，2015，32 (5)：36.

[46] 丁修堃. 轧制过程自动化 [M]. 北京：冶金工业出版社，2005.

[47] 王国栋. 板形控制和板形理论 [M]. 北京：冶金工业出版社，1986.

[48] 孟延军. 轧钢基础知识 [M]. 北京：冶金工业出版社，2005.

[49] Claire Nappez，Serge Boulot，Richard C. McDermott. Control of strip flatness in cold rolling：A globalapproach [J]. Iron and Steel Engineer，1997 (4)：42 -45.

[50] 丁九明，庞维成. 材料成型机械设备 [M]. 沈阳：东北大学出版社，2002.

[51] 王国栋，刘相华. 金属轧制过程人工智能优化 [M]. 北京：冶金工业出版社，2000.

[52] 周纪华，管克智. 金属塑性变形阻力 [M]. 北京：机械工业出版社，1989.

[53] 宣梅灿，邵文华，许健勇，等. 宝钢 1 420 mm 冷轧生产线新技术应用介绍 [J]. 轧钢，1997，(2)：19 -23 +30.

[54] N. Venkata Reddy，G. Suryanarayana. A Set - up Model for Tandem Cold Rolling Mills [J]. Journal of Materials Processing Technology，2001，116：269.

[55] 宋佳. 冷轧薄板连续退火技术的发展 [J]. 上海金属，1999，21 (4)：47 -51.

[56] 李劲. 冷轧过程的轧制力、功率和前滑计算模型 [J]. 武钢技术，1997，35 (7)：21 -26.

[57] 付华高，李长生，刘相华，等. 冷轧轧辊磨损数学模型研究 [J]. 钢铁研究，2003 (4)：26 -29.

[58] 张树堂，刘玉荣. 带钢冷连轧动态变规格数学模型 [J]. 钢铁，1980，15 (6)：

34 - 40.

[59] 梁勋国. 六辊冷连轧机板形控制模型优化的研究 [D]. 沈阳：东北大学，2008.

[60] 陈杰，钟掘，周鸿章，等. CVC 四辊轧机有载辊缝解析模型 [J]. 重型机械，1998 (6)：42 - 44.

[61] 程其华，徐建忠. 冷连轧机工作辊温度场与热凸度模型的研究 [J]. 机械工程与自动化，2008 (3)：25 - 27.

[62] 张清东，李博，郑武，等. 冷带轧机板形闭环反馈控制策略及模型研究 [J]. 系统仿真学报，2009，21 (24)：7858 - 7862.

[63] 陈爱玲. 变形抗力预测模型及其应用研究 [J]. 计算机集成制造系统，2007，13 (9)：1816 - 1819.

[64] 刘力，岳海龙，邹家祥. 高速冷轧机辊缝摩擦系数影响因素的研究 [J]. 重型机械，2001 (2)：9 - 12.

[65] 王军生，矫志杰，赵启林，等. 冷连轧过程控制在线负荷分配及修正计算 [J]. 东北大学学报，2001，22 (4)：427 - 430.

[66] 戴光明，王茂才. 多目标优化算法及在卫星星座设计中的应用 [M]. 武汉：中国地质大学出版社，2009.

[67] 林锉云，董加礼. 多目标优化的方法与理论 [M]. 长春：吉林教育出版社，1992.

[68] 马虹蔚，王元仲，李劲. 1 700 mm 冷连轧机设定控制系统的研究 [J]. 轧钢，2000，17 (5)：13 - 15.

[69] Bemporad A, Bernardini D, Cuzzola FA, et al. Optimization - based automatic flatness control in cold tandem rolling [J]. Journal of Process Control, 2010, 20 (4)：396 - 407.

[70] 车占平. 冷轧自动化过程控制的研究综述 [J]. 山东工业技术，2016，11：22.

[71] 王延溥，齐克敏. 金属塑性加工学——轧制理论与工艺（第二版）[M]. 北京：冶金工业出版社，2001.

[72] 孙增圻，张再兴，邓志东. 智能控制理论与技术 [M]. 北京：清华大学出版社，1997.

[73] Wang D D, Tieu A K, de Boer F G, et al. Toward a heuristic optimum design of rolling schedules for tandem cold rolling mills [J]. Engineering Applications of Artificial Intelligence, 2000, 13 (4)：397 - 406.

[74] Mashayekhi M, Torabian N, Poursina M, Continuum damage mechanics analysis of strip tearing in a tandem cold rolling process [J]. Simulation Modelling Practice and Theory,

2011，19（2）：612 - 625.

[75] 赵志业. 金属塑性变形与轧制理论［M］. 北京：冶金工业出版社，1982.

[76] 黄河，王建兵. 薄带钢轧制过程模拟［J］. 冶金设备，2016，2：24 -27.

[77] 白振华. 冷连轧机高速生产过程核心工艺数学模型［M］. 北京：机械工业出版社，2009.

[78] 杨节. 轧制过程数学模型（修订版）［M］. 北京：冶金工业出版社，1993.

[79] 王军生，赵启林，矫志杰，等. 冷连轧过程控制变形抗力模型的自适应学习［J］. 东北大学学报（自然科学版），2004，25（10）：974 -976.

[80] 白振华，王骏飞. 冷连轧过程中实用摩擦系数模型及其影响因素的研究［J］. 中国机械工程，2005，16（21）：1908 -1911.

[81] 刘相华，胡贤磊，杜林秀. 轧制参数计算模型及其应用［M］. 北京：化学工业出版社，2007.

[82] 马文博，徐光，杨永立. 冷连轧张力公式推导及分析［J］. 钢铁研究，2003（3）：28 -31.

[83] Wang J S，Jiang Z Y，Tieu A K，et al. Adaptive calculation of deformation resistance model of online process control in tandem cold mill［J］. Journal of Materials Processing Technology，2005，(162/163)：585 -590.

[84] 白金兰，王军生，王国栋，等. 提高冷轧过程控制轧制力模型的设定精度［J］. 钢铁研究学报，2006，18（3）：21 -25.

[85] 魏立新，李兴强，李莹，等. 基于自适应遗传算法的冷连轧轧制力模型自学习［J］. 轧钢，2010，27（3）：7 -10.

[86] 马庆龙，王东城，刘宏民，等. 基于神经网络和自适应预报模型参数的平整轧制力模型［J］. 塑性工程学报，2008，15（3）：191 -194.

[87] 曹鸿德. 塑性变形力学基础与轧制原理［M］. 北京：机械工业出版社，1982.

[88] 郭立伟，杨荃，郭磊. 冷连轧过程控制轧制力模型综合参数自适应［J］. 北京科技大学学报，2007，29（4）：413 -416.

[89] 张进之，王琦，杨晓臻，等. 宝钢 2 050 mm 热连轧设定模型及自适应分析研究［J］. 钢铁，2001，36（7）：38 -41.

[90] Hu X L，Jiao Z J，He C Y，et al. Forward and backward slip models in MAS rolling process and its on - line application［J］. Journal of Iron and Steel Research，International，2007，14（4）：15 -19.

[91] Dong Y G，Song J F. Research on the characteristics of forward slip and backward slip in

alloyed bar rolling by the round – oval – round pass sequence [J]. International Journal of Advanced Manufacturing Technology, 2016, 87 (9 – 12): 3605 – 3617.

[92] Bayoumi L S. A kinematic analytical approach to predict roll force rolling torque and forward slip in thin hot strip continuous rolling [J]. Ironmaking & Steelmaking, 2007, 34 (5): 444 – 448.

[93] Poursina M, Rahmatipour M, Mirmohamadi H. A new method for prediction of forward slip in the tandem cold rolling mill [J]. International Journal of Advanced Manufacturing Technology, 2015, 78 (9 – 12): 1827 – 1835.

[94] Zhang D H, Liu Y M, Sun J, et al. A novel analytical approach to predict rolling force in hot strip finish rolling based on cosine velocity field and equal area criterion [J]. International Journal of Advanced Manufacturing Technology, 2016, 84 (5 – 8): 843 – 850.

[95] Pawelski H. An analytical model for dependence of force and forward slip on speed in cold rolling [J]. Steel Research International, 2003, 74 (5): 293 – 299.

[96] Lee Y K, Jang Y J, Kim S W. Adaptive feed – forward automatic gauge control in hot strip finishing mill [J]. ISIJ International, 2007, 47 (10): 1444 – 1451.

[97] ODA T, SATOU N, YABUTA T. Adaptive technology for thickness control of finisher set – up on hot strip mill [J]. ISIJ International, 1995, 35 (1): 42 – 49.

[98] Peng W, Liu Z Y, Yang X L, et al. Optimization of temperature and force adaptation algorithm in hot strip mill [J]. Journal of Iron and Steel Research International, 2014, 21 (3): 300 – 305.

[99] Li S C, Guo L W, G L, et al. Research on mathematical model adaptive in tandem cold rolling [C]. Metallurgical automation, 2013, S2: 321 – 323.

[100] Dos Santos, AL, Ramirez – Fernandez, FJ. A neural network – based preset generation tool for a steel tandem cold mill [J]. Engineering Applications of Artificial Intelligence, 2010, 23 (2): 169 – 176.

[101] Zhang J Z, Zhang X P, Zhang X N, et al. Experimental measurements of resistance to deformation and friction coefficient in rolling [J]. Metallurgical Equipment, 2008, 5: 29 – 32.

[102] Wang J S, Zhao Q L, Jiao Z J, et al. Adaptive learning of the model of deformation resistance model for tandem cold rolling process control [J]. Journal of Northeastern University (Natural Science), 2004, 25 (10): 973 – 976.

[103] Bai J L, Wang J S, Wang G D, et al. Improvement in setting accuracy of rolling force model during process control of cold rolling [J]. Journal of Iron and Steel Research, 2006, 18 (3): 21 - 25.

[104] Guo L W, Yang Q, Guo L. Comprehensive parameters self - adapting for a rolling force model of tandem cold rolling process control [J]. Journal of University of Science and Technology Beijing, 2007, 29 (4): 413 - 416.

[105] Wei L X, Li X Q, Li Y, et al. Adaptive learning of rolling force model based on adaptive genetic algorithm in tandem cold rolling [J]. Steel Rolling, 2010, 27 (3): 7 - 10.

[106] Bu H N, Yan Z W, Zhang D H, et al. Rolling - schedule multi - objective optimization based on influence function for thin - gauge steel strip in tandem cold rolling [J]. Scientia Iranica, 2016, 23 (6), 2663 - 2672.

[107] Yan Z W, Bu H N, Zhang D H. Optimization and innovative modification of a model used to determine the amount of adjustment of an actuator for flatness control [J]. Metallurgist, 2016, 59 (9 - 10): 795 - 804.

[108] Wang J S, Jiang Z Y, Tieu A K, et al. Adaptive calculation of deformation resistance model of online process control in tandem cold mill [J]. Journal of Materials Processing Technology, 2005, (162 - 163): 585 - 590.

[109] Du F S, Wang G G, Zang X L, et al. Friction model for strip rolling [J]. Journal of Iron and Steel Research (International), 2010, 17 (7): 19 - 23.

[110] Bartz - Beielstein T, Branke J, Mehnen J, et al. Evolutionary algorithms [J]. Wiley Interdisciplinary Reviews - Data Mining and Knowledge Discovery, 2014, 4 (3): 178 - 195.

[111] Poursina M, Dehkordi NT, Fattahi A, et al. Application of genetic algorithms to optimization of rolling schedules based on damage mechanics [J]. Simulation Modelling Practice and Theory, 2012, 22: 61 - 73.

[112] Halim Z, Waqas M, Hussain SF. Clustering large probabilistic graphs using multi - population evolutionary algorithm [J]. Information Sciences, 2015, 317: 78 - 95.

[113] 陈宝林. 最优化理论与算法 [M]. 2 版. 北京: 清华大学出版社, 2005.

[114] 周富强, 曹建国, 张杰, 等. 冷连轧轧制力在线计算模型 [J]. 北京科技大学学报, 2006, 28 (9): 859.

[115] 张进之, 郑学锋. 冷连轧稳态数学模型及影响系数 [J]. 钢铁, 1979, 14 (3):

59 - 70.

[116] 黄克琴，陈和铁. 美坂佳助影响系数法的改进 [J]. 冶金自动化，1983，(1)：37 - 46.

[117] 姜正连，许健勇. 冷连轧机高精度板厚控制 [J]. 中国冶金，2005，15 (8)：23 - 26.

[118] 黄涛，曹建国，张杰. 带钢热连轧机 KFF - AGC 系统的研究与应用 [J]. 武汉科技大学学报，2009，32 (1)：41 - 44.

[119] 李伯群，邱洪洞，陈鹏，等. 兼顾板形的硬度前馈自动厚度控制在热连轧上的应用 [J]. 冶金自动化，2012，36 (1)：36 - 40.

[120] 武贺，吕立华. 板带轧机负荷分配方法的综述 [J]. 控制工程，2009 ，16：6 - 10.

[121] 徐俊，周莲莲，胡海东，等. 冷连轧机在线负荷设定技术的研究 [J]. 中国冶金，2007，17 (7)：16 - 18.

[122] 边海涛，杨荃，刘华强，等. 五机架冷连轧机的负荷分配计算 [J]. 冶金自动化，2007 (1)：47 - 50.

[123] 姜万录，陈东宁. 冷连轧机负荷分配优化研究进展 [J]. 燕山大学学报，2007，31 (3)：189 - 193.

[124] 祝东奎，张清东，陈守群，等. 兼顾板形的带钢冷连轧机最优化负荷分配 [J]. 北京科技大学学报，2000，22 (1)：80 - 83.

[125] Chen N N，Fei Q，Hu H P，Research on optimization algorithm applied in plate rolling schedule [J]. Applied Mechanics and Materials，2011，1439 (06)：296 - 301.

[126] Yang J M，Che H J，Dou F P，et al. Genetic algorithm - based optimization used in rolling schedule [J]. Journal of Iron and Steel Research International，2008，15 (2)：18 - 22.

[127] 彭文，陈树宗，丁敬国，等. 基于惩罚项的热连轧轧制规程多目标函数优化 [J]. 沈阳工业大学学报，2014，36 (1)：45 - 50.

[128] Yang J M，Zhang Q，Che H J，et al. Multi - objective optimization for tandem cold rolling schedule [J]. Journal of Iron and Steel Research (International)，2010，17 (11)：34 - 39.

[129] Oduguwa V，Roy R，Farrugia D，Fuzzy multi - objective optimization approach for rod shape design in long product rolling [J]. Lecture Notes in Artificial Intelligence，2003，2715：636 - 643.

[130] Duenas A, Petrovic D, Multi – objective genetic algorithm for single machine scheduling problem underfuzziness [J]. Fuzzy Optimization and Decision Making, 2008, 7 (1): 87 – 104.

[131] Bath SK, Dhillon JS, Kothari DP, Fuzzy satisfying stochastic multi – objective generation scheduling by weightage pattern search methods [J]. Electric Power Systems Research, 2004, 69 (2 – 3): 311 – 320.

[132] 张扬，余弛斌，韩双华. 五机架冷连轧的轧制规程优化 [J]. 甘肃冶金，2006, 28 (1): 1 – 3, 20.

[133] 徐俊，刘相华，程其华，等. 镀锡板冷连轧过程中压下规程优化技术研究 [J]. 中国冶金，19 (3): 10 – 12.

[134] 叶学卫，许健勇，王欣. 宝钢1 420 mm冷连轧机轧制规范及其优化 [J]. 轧钢，2004, 21 (6): 50 – 52.

[135] 王焱，刘景录，孙一康. 免疫遗传算法对精轧机组负荷分配的优化 [J]. 北京科技大学学报，2002, 24 (3): 339 – 341.

[136] Dhillon J S, Kothari D P, The surrogate worth trade – off approach for multi – objective thermal power dispatch problem [J]. Electric Power System Research, 2000, 56 (2): 103 – 110.

[137] Liu S J, Wu B C, Optimum design of rolling schedule for tandem cold mill using SLPSO [J]. Applied Mechanics and Materials, 2012, 1468 (06): 443 – 446.

[138] Lin S, Nan Y R, Optimization of rolling schedule in tandem cold mill based on QPSO algorithm [J]. Advanced Materials Research, 2011, 1046 (06): 165 – 170.

[139] Qi X D, Wang T, Xiao H, Optimization of Pass Schedule in Hot Strip Rolling [J]. Journal of Iron and Steel Research, International. 2012, 19 (8): 25 – 28.

[140] Hu X L, Zhao Z, Wang J, et al. Optimization of Holding Temperature and Holding Thickness for Controlled Rolling on Plate Mill [J]. Journal of Iron and Steel Research, International. 2006, 13 (3): 21.

[141] Pires CTA, Ferreira HC, Sales RM, et al. Set – up optimization for tandem cold mills: a case study [J]. Journal of Materials Processing Technology, 2006, 173 (3): 368 – 375.

[142] Murakami A A, Nakayama M, Okamoto M, et al. Optimization of pass schedules for a tandem cold mill [J]. Tetsu To Hagane – Journal of the Iron and Steel Institute of Japan, 2004, 90 (11): 953 – 957.

[143] Calvo J, Collins L, Yue S, Design of Microalloyed Steel Hot Rolling Schedules by Torsion Te sting: Average Schedule vs. Real Schedule [J]. Metallurgy & Metallurgical Engineering, 2010, 50 (8): 1193 - 1199.

[144] 闫注文, 卜赫男, 张殿华. 基于影响函数法的 TDC 模块开发与现场测试 [J]. 轧钢, 2016, 33 (2), 56 - 66.

[145] Cai Y F, Verdel T, Deck O, et al. On the topography influence on subsidence due to horizontal underground mining using the influence function method [J]. Computers and Geotechnics, 2014, 61: 328 - 340.

[146] 陈建华, 何绪玲, 范正军, 等. UCMW 冷连轧机板形控制模型的研究与应用 [J]. 轧钢, 2015, 32 (3): 32.

[147] 廖大强, 邬依林, 印鉴. 基于禁忌搜索算法的线路规划方案求解 [J]. 计算机工程与设计, 2015, 36 (5): 1368 - 1374.

[148] Lagos C, Crawford B, Soto R, et al. Improving Tabu Search Performance by Means of Automatic Parameter Tuning [J]. Canadian Journal of Electrical and Computer Engineering - Revue Canadienne de Genie Electrique et Informatique, 2016, 39 (1): 51 - 58.

[149] 刘恩洋. 板带钢热连轧高精度轧后冷却控制的研究与应用 [D]. 沈阳: 东北大学, 2012.

[150] 段军, 戴居丰. 案例修正方法研究 [J]. 计算机工程, 2006, 32 (6): 1 - 3.

[151] Chang D E, Levine J, Jo J, et al. Control of Roll - to - Roll Web Systems via Differential Flatness and Dynamic Feedback Linearization [J]. IEEE Transactions on Control Systems Technology, 2013, 21 (4): 1309 - 1317.

[152] Zhang X L, Xu Teng, Zhao L, et al. Research on flatness intelligent control via GA - PIDNN [J]. Journal of Intelligent Manufacturing, 2015, 26 (2): 359 - 367.

[153] 刘立文, 韩静涛, 贺毓辛. 冷轧板形控制理论的发展 [J]. 钢铁研究学报, 1997, 9 (6): 51 - 54.

[154] 梁勋国, 矫志杰, 王国栋, 等. 冷轧板形测量技术概论 [J]. 冶金设备, 2006 (6): 36 - 39.

[155] 王快社, 王讯宏, 张兵, 等. 板形检测控制新方法 [J]. 重型机械, 2004 (5): 18 - 22.

[156] 白金兰. 单机架可逆冷轧机板形控制预设定理论研究 [D]. 沈阳: 东北大学, 2006.

[157] 时旭，刘相华，王国栋，等. 弯辊力对带钢凸度影响的有限元分析 [J]. 轧钢，2006，23 (3)：10 - 13.

[158] 张清东，陈先霖. CVC 四辊冷轧机板形预设定控制研究 [J]. 1997，32 (7)：29 - 33.

[159] 胡建平. 六辊冷轧机轧辊横移和弯辊力设定策略分析 [J]. 钢铁技术，2006 (1)：25 - 28.

[160] Park J，Chun YH，Lee J. Optimal design of an arch bridge with high performance steel for bridges using genetic algorithm [J]. International Journal of Steel Structures，2016，16 (2)，559 - 572.

[161] Luo Y J，Cao J G，Wang C S，et al. Preset control of bending force for hot strip mill based on GA [J]. Research on Iron and Steel，2004 (3)：42 - 45.

[162] Bai J L，Quan W Q，Zhang R，et al. Development of bending force preset model in shape control system of cold rolling mill [J]. Machinery Design and Manufacture，2010 (4)：108 - 110.

[163] Cao J G，Xu X Z，Zhang J，et al. Preset model of bending force for 6 - high reversing cold rolling mill based on genetic algorithm [J]. Journal of Central South University of Technology，2011，18 (5)：1487 - 1492.

[164] Sun W Q，Shao J，He A R，et al. Coupling relationship between shape and gauge and research of decoupling design for tandem cold mill [J]. Iron and Steel，2012，47 (6)：46 - 50.

[165] Dimatteo A，Vannucci M，Colla V. Prediction of mean flow stress during hot strip rolling using genetic algorithms [J]. ISIJ International，2014，54 (1)：171 - 178.

[166] Zhao X S，Hsu C Y，Chang P C，et al. A genetic algorithm for the multi - objective optimization of mixed - model assembly line based on the mental workload [J]. Engineering Applications of Artifical Intelligence，2016，47：140 - 146.

[167] Xue X S，Wang Y P，Hao W C. Optimizing ontology alignments by using NSGA - II [J]. International Arab Journal of Information Technology，2015，12 (2)：176 - 182.

[168] Yu L A，Yang Z B，Tang L. Prediction - based multi - objective optimization for oil purchasing and distribution with the NSGA - II algorithm [J]. International Journal of Information Technology and Decision Making，2016，15 (2)：423 - 451.